零極限之富在工作

I love you. I'm sorry. Please forgive me. Thank you.

〈推薦序〉

歡迎一起體會前所未有的豐盛！

《零極限》譯者　宋馨蓉

二〇〇九年五月，我跟隨靈感，到澳洲布里斯本參加了修．藍博士的工作坊。在人數眾多的課堂上，我尚未有機會介紹自己之前，修．藍博士總會穿過人群，走到我身旁親切地跟我說話。讓我印象深刻的是，他每次看到我，總是像祖父般溫暖地叫我「甜心」，一如喬．維泰利博士所形容的，他一開口就有音叉共振效應，記憶會被清理，到達一種空的狀態，感受到前所未有的平靜。

修．藍博士就像鄰家爺爺般充滿慈愛，又有著開悟大師的莊嚴。在見到他以前，我感激實行荷歐波諾波諾讓我有時時活在當下的覺知；然而在見到他之後，我突然明白，「活在當下」也許只是進入零的狀態第一步的動作，才剛抬起腳，眞正踏進去以後，就能感受到「對當下的自由」。

在修．藍博士身邊，我進入了零的無限向度，瞬間領悟創造荷歐波諾波諾療法的莫兒娜所說的精髓：「荷歐波諾波諾的本質是自由。」我體會到對過去、現在和未來的一切皆沒有執著的自由狀態。實踐荷歐波諾波諾，不干擾、不期待，並與宇宙的韻律同步，讓一切順其自然發展成應該有的樣子，驚喜就隨之而來。

《零極限之富在工作》這本書所傳遞的想法，對企業來說必然是嶄新的概念。荷歐波諾波諾認爲一切萬有皆有生命，一個被視爲生命體的公司將可以自動運作，業績蒸蒸日上，員工也能發揮最大的潛能與效率——乍聽也許有些荒謬，但宇宙力量至今無法全然以邏輯來解釋，所以，多說「愛」亦無害，用愛來改善經濟也能帶來美好的心情，而有美好的心情就能有平靜喜悅的態度。在這樣的狀態下，神性的靈感必能源源湧入，帶來《零極限之富在工作》書中所提到的綜合性豐富！

願所有讀者擁有超越一切意識所能理解的豐盛與愛！

〈推薦序〉

不可思議的動能

知名訓練師　周思潔

此刻我的內心驚歎連連，卻又難以爲此書落筆寫序。因爲「祂」已非一本書，而是一份珍貴的「天啓」，但喜歡批評、分裂、比較的人類頭腦恐怕有些難以相信。以下便是我閱讀此書的奇異之旅……

看著這本《零極限之富在工作》文稿，我的上半身竟不斷顫動，彷彿有股能量爲我的腰瘦背痛進行治療，那是從未有過的經驗。

於是我把書放在離書桌約一公尺遠的地方，然後到化妝室洗了手又折回來，拿起別的書看，身體就靜止、回復正常了。此時，我再度拿起《零極限之富在工作》來讀，上半身立刻又抖動不已。奇妙的是，只要我看其他書，身體又會靜止下來。就這樣反覆多次、屢試不爽，我終於發現這本書的每個文字都充滿能量，令我驚呼不可思議。

九年多的教學相長之路，讓我有幸拜讀很多好書，經歷過許多很棒的課程。但我必須眞誠地說，《零極限》給我的啓發是最寶貴的。我身體力行，幾乎每天都用「對不起」「請原諒我」「謝謝你」「我愛你」這四句話進行靜心，不僅在睡前做，連搭計程車或等待的空檔也不錯過，而且在全省巡迴的教學中也分享給我的學生，請大家一定要買書來看。因此我曾半開玩笑地向出版商反應，《零極限》的暢銷，我也有貢獻。

如今我的事業邁入第十年，公司正面臨重要的轉型期，此刻有緣拜讀《零極限之富在工作》，彷彿是上天賜給我的教導。我深信書裡的每個提醒，它們看似簡單且有違經驗法則，但只要願意「歸零」、臣服，照著書上所言去做，一定能柳暗花明、更上層樓。因爲，「信得深，就會成眞！」

〈推薦序〉

每天清理多一點，創造豐富人生

承億管理顧問股份有限公司執行長　林櫻珊

二〇一〇年初，我正處於事業最低潮，無論是公司人事上的大變動，或是顧問案件的不順遂，都讓我質疑：當初離開穩定的工作，選擇創業之路，是不是做錯了？一再的挫敗讓我漸漸對人生不抱希望，唯一能做的似乎就是抱怨：「為什麼所有不如意的事，都發生在我身上？」然而，二〇一〇年二月第一次讀到《零極限》這本書之後，我以很快的速度看完，並且開始使用夏威夷療法「荷歐波諾波諾」的四句眞言：「對不起」「請原諒我」「謝謝你」「我愛你」。不過，或許是因為期待太深，念了這四句眞言後，我並沒有立即看見預期的結果，反而覺得內心更空虛了。一個月後，我決定親自飛到夏威夷見修·藍博士，更深入地學習、了解荷歐波諾波諾。

荷歐波諾波諾眞正改變了我的一生！學習這個夏威夷療法之後，我賺了更多錢，夫妻關係更爲融洽，公司運作更順利，也在生活中感受到更多的愛，內心變得更平靜了。學習荷歐波諾波諾，你會知道所有問題終將隨著清理而解決；實踐荷歐波諾波諾，你的生命將充滿靈感與奇蹟。

其實問題從來不是「問題」，它們只是重播的記憶所造成的結果，是來協助你面對自己的功課、幫助你成長的。所有的問題幾乎都來自同一個原因——恐懼，而其解答就是「愛」。你因爲害怕失去現在擁有的一切，如金錢、感情或工作職位等，所以一直緊緊把它們握在手裡，而這些恐懼其實只是重播的記憶正支配著你的意識。修·藍博士說，每個人都是完美的，你唯一要做的，就是清理重播的記憶，並讓靈感及神性流入自己的內在。

過去兩年，創業的不順遂一直困擾、打擊著我，直到遇見修·藍博士後，我學到荷歐波諾波諾的清理方式及工具，開始每天持續不斷地念祈禱文，並使用四句話來清理，結果短短三個月內，公司的業績竟然就有了不可思議的成長，而且至今仍持續向上。這讓我領悟到，我過去所有的問題都只是重播的記憶所產生的困擾，只要透過簡單的清理，記憶都會回到「零的境界」，而未來的生命中將發生更多奇蹟。這也是修．藍博士一再強調的：「你身邊所發生的問題，你必須負起百分之百的責任。」清理它，並放下任何期待，你將擁有更多采多姿的人生。

如果《零極限》是概論，那麼《零極限之富在工作》這本書就是實用篇或工具書，是創造全方位美好人生的使用手冊。荷歐波諾波諾可以幫助你啓動能量，只要眞心對自己的神性說「對不起」「謝謝你」「請原諒我」「我愛你」，然後放下對「結果」的任何期待，讓這四句話的清理慢慢在你的內在發生作用，你就會發現自己的身邊出現了奇蹟般的禮物。

感謝伊賀列阿卡拉．修．藍博士適時出現在我的生命中，讓我學會透過持續不斷的清理來消除潛意識中重播的記憶，體會到這輩子從未經歷過的內在平靜與自由。

請每天說「我愛你」，讓自己心中充滿愛，因爲唯有完全給予而不求回報的愛，才能讓自己得到眞正的自由。就從愛自己的內在開始，當你的內在眞正獲得滿足，你將眞正學會將這份愛傳播出去，改變自己和他人的生命。謝謝你，我愛你。

〈前言〉

帶來綜合性豐富的零極限商業

伊賀列阿卡拉・修・藍博士

本書將介紹「具有生命」（使眞正的自我生存）的商業，以及它實際的形態。具有生命的商業，與單純追求大量財富、物質的商業有很大的差異，它能帶來綜合性的豐富，亦即包括心靈、精神、身體、金錢、物質等所有的豐富，而且是超乎理解的豐富。

透過本書傳達的最重要訊息，是自由與解放。也就是說，從佛陀或耶穌基督視爲痛苦的事情中解放出來，轉移方向，去體驗綜合性的豐富方向。所謂獲得綜合性豐富，則是指創造出能夠充分供應你和你的家人，以及你所愛的人們所需財富與物質的資源，使所有的人與所有的物質產生關連。這種關連可實現你與所有人的靈魂所渴求的自由，並使它昇華。而且，人生藉著這種滿足，可以爲自己和其他人的靈魂帶來莫大的喜悅。

本書的焦點並非單純放在獲得金錢財富的方法上，而是說明何謂具有生命的工作、商業，以及爲了進行心靈的、精神的、身體的、金錢的、物質的實際體驗，必須如何才能完全解放，成爲自由。

關於具有生命的商業，本書將提出四個重要問題。

①我是什麼？

②我的人生目的爲何？

③我在心靈上、精神上、身體上、金錢上、物質上的煩惱與痛苦，爲何產生？

④這些煩惱和痛苦要如何解決？怎麼樣才能獲得眞正的自由？換句話說，心靈、精神、身體、金錢、物質方面如何才能達到自由、解放的狀態？

希望你能藉由本書，對這四個問題提出本質性的答案。

請接受本書，並祈願它能爲你帶來超乎理解、深遠而豐富的平靜。

第一章

零極限的商業模式

解決問題的夏威夷療法

最近，「零極限」的荷歐波諾波諾備受注目。大家知道荷歐波諾波諾是什麼嗎？它原本是古代夏威夷人傳統的解決問題方法，而以這種夏威夷自古流傳下來的荷歐波諾波諾爲基礎，夏威夷傳統醫療專家、有「夏威夷州寶」之稱的莫兒娜·納拉瑪庫·西蒙那（Morrnah Nalamaku Simeona，一九一三～一九九二年）女士根據自己的靈感，發展出可活用在現代社會的「荷歐波諾波諾回歸自性法」（Self I-Dentity through Ho'oponopono，以下簡稱SITH）。

SITH與傳統的「荷歐波諾波諾」有幾個不同的地方。

SITH是獨自一人來解決問題，相對的，傳統的「荷歐波諾波諾」則是集體來解決問題。重點是在SITH之下，每一個人始終與「神性」（Divinity）直接連結，由神性得到靈感。這可說是兩者最大的不同。

目前，SITH已在多樣文化與社會背景組成的南北美洲和歐洲實行，並在各種國際會議和高等教育的場合，例如聯合國、聯合國教科文組織、世界衛生組織、夏威夷大學等實踐與介紹過。

不單是哲學家或思想家，這個夏威夷療法也成爲一種新的商業手法，對商業界帶來很大的影響。

向世界宣傳「吸引力法則」的影片《祕密》中的主要作者之一喬·維泰利，就稱讚「荷歐波諾波諾」的力量遠超過吸引力法則：日本船井總合研究所的創始者，同時也是經營顧問、作家、思想家，對日本各方面都有強大影響力的船井幸雄，更讚揚「荷歐波諾波諾」的精神。

正因如此，全世界有愈來愈多人知道荷歐波諾波諾的「零極限」境界。這裡附帶說明，「荷歐波諾波諾」（Ho'oponopono）的「荷歐」（Ho'o）意爲「導致」，「波諾波諾」（ponopono）則是指「完美」。也就是說，荷歐波諾波諾就是「使之正確」或「改正錯誤」的意思。

荷歐波諾波諾的想法非常簡單，它認爲世上發生的問題都是「潛意識中的資訊（過去的記憶）重播」所造成的。因此，人們煩惱、生病，爲負債所苦、爲公司的事傷神，都是「過去的記憶」所引起。而且，過去的記憶中並非只有自己本身的記憶，更包含了宇宙誕生至今所有生命的記憶。

但還是有解救的方法。修正自己潛意識中的資訊，就能解決問題；而且，別人的問題也可以藉著修正自己體驗了「別人問題」的資訊來解決。

解決問題的方法非常簡單，只要重複「對不起」「請原諒我」「謝謝你」「我愛你」四句話，就能解決所有問題。這四句話能清除我們潛意識中的資訊，變成接近「零」（空）的狀態，也就是達到「零極限」。

這裡所謂的「零的狀態」，是指「宇宙發生大霹靂之前的最初狀態」。由於它還沒有任何物質，因此也沒有任何不完全的事。換言之，處於一切完美的狀態，就是「零」的狀態。

荷歐波諾波諾的想法其實並不是一個全新的概念，它與佛陀兩千五百年前開示的《般若心經》中的「色即是空，空即是色」，以及耶穌基督所說的「愛你的敵人」是一樣的。

也就是說，**所有的原因並非在自己的「外在」，而是在自己潛意識中的「內在」**。只要感謝和愛我們潛意識中的資訊，就可以將這些資訊消除。

我追隨一九九二年去世的莫兒娜．納拉瑪庫．西蒙那女士的腳步，努力推廣荷歐波諾波諾的精神，走遍世界，在各國舉辦有關荷歐波諾波諾的講座。除了舉辦講座之外，我同時還幫助各國的人民和土地消除種種資訊。

拯救金融危機的一帖靈藥

本書就是將荷歐波諾波諾的零極限概念應用在商業上，以建立最有效率的組織，並獲得個人和企業最大的利益。

荷歐波諾波諾提倡「對不起」「請原諒我」「謝謝你」「我愛你」四句話，透過實踐而發生的種種奇蹟，以及許多治癒的經驗，證明它是非常有效的方法。

或許有人認爲荷歐波諾波諾與商業似乎扯不上關係，最初舉辦零極限的商業講座時，也確實聽到不少人質疑：「爲什麼要開設零極限的商業講座？」

對於以左腦的邏輯來經營企業的人來說，在商場上說「對不起」「請原諒我」「謝謝你」「我愛你」，可能會感覺有些奇怪。

但是，現在你手中正拿著這本書。

你是否有一種莫名的預感——在商業上需要「某些」與過去不同的東西——

因此對本書產生了興趣？

這種預感是正確的。

世界正陷入經濟危機之中，我覺得人類的商業從來沒有像現在這麼需要荷歐波諾波諾。我要強調，零極限正是商業上進行最有效的運作，並獲得最大利益的方法。

利用荷歐波諾波諾做生意的最大特徵就是「不期待成功」。這句話聽起來或許有些矛盾，但零極限的方法就是使我們恢復零的狀態，亦即回到原來自我的方法。本來的自我是億萬富翁的人，他就能成為億萬富翁；本來的自我對鋼琴調音感到滿足，他就可以成為調音師。

莎士比亞說：「自己應該正直。」耶穌基督說：「請探索自己的內心世界。」蘇格拉底說：「認識你自己。」荷歐波諾波諾說的也是相同的道理，它之所以不追求成功，是因為它認為人原本就是成功的，也就是呈完美狀態，荷歐波諾波諾正是讓人恢復成功而完美的「本來自我」的方法。

那麼，荷歐波諾波諾為什麼能成為經營企業最有效率，並產生最大利益的方法呢？

它重視「自己要像原來的自我」，換言之，焦點放在「事物本來的力量」。人出生時原本是完美的，可以直接接受來自「神性」的光。「開悟」的英文為「Enlightened」，正如這個英文字所示，是指「靈光顯現」的意思，也就是說，人類原來已經具備靈光。

這種光就是靈感，人若處於開悟的狀態，光隨時都可照到，也能接受靈感。靈感因人而異，不可能完全相同。因此，人是獨特的，每個人的角色和長處也不一樣。當人依據這種靈感來行動時，就能完全發揮他的功能，亦即將原來具備的才能發揮至極限。人若捨棄利己主義，以靈光顯現的開悟狀態，亦即保持人原來的形態接受靈感，就是最接近本來自我的時候。

同樣的，企業組織若實踐零極限的荷歐波諾波諾，基於靈感來行動，一切也能達到最適合的狀態。

不適任原來工作的人轉調至其他部門或辭職，空出的位子則由最適當的人填補，職場的人事配置自然達到最佳狀態。但也有可能估計錯誤，例如原本被認為

光、靈感與記憶

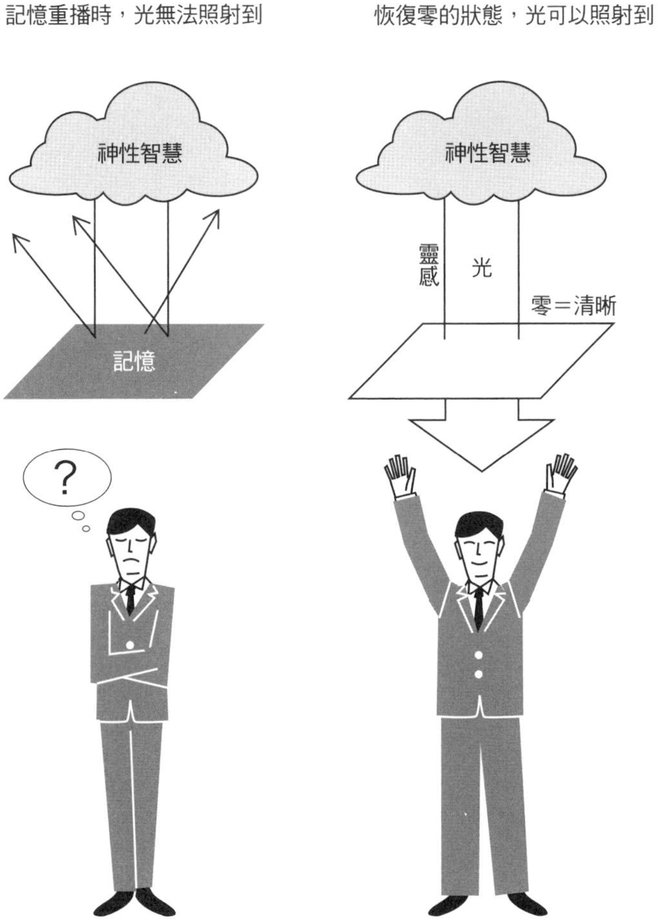
記憶重播時，光無法照射到
恢復零的狀態，光可以照射到
神性智慧
記憶
?
神性智慧
靈感
光
零＝清晰

工作能力不佳的人，突然以充滿活力的專家姿態現身——應該沒有比這個更強的組織和更能發揮能力的職場環境了。

從這方面來思考，企業本身也有類似「人格」那樣的東西。事實上，公司並非單靠概念和謄本成立的，而是具有一個存在的意識。因此，業績不佳，公司本身也會感覺痛苦；相反的，公司本身如果有「回歸本我」的自覺，而我們又不加以阻撓的話，它自己就能帶來訂單，同時使業績上升。

我們在工作不順利時，往往會認爲是自己的「外在」有問題。但包括公司經營不善在內，所有問題的起因都來自潛意識「內在」的資訊。並不是職員不好，也不是幹部不優，當然更不是經營者、客戶、公司，甚至整個業界的問題。

若把公司當成一個生命體，重視並愛自己的公司，那麼公司自動會運作，爲了達到目的——獲得利益——而將企業本來的力量發揮至最大。

靠自己就能輕易實踐的祕密

荷歐波諾波諾是「不論任何人」，「單靠自己」就能「輕易」實踐的問題解決法。

解決問題的方法非常多，但我相信沒有比荷歐波諾波諾更簡單、更易懂的方法了。正因爲如此，以美國、歐洲、日本爲首，這個方法在世界各地正迅速擴展中。

在講座中，參加者若反覆提出類似的問題，我就會反問他們：「你認爲如何？」

實際上，運用荷歐波諾波諾，「任何人」都能透過自己直接與「神性」連結，因此不需要刻意去找尋。它不是宗教，因此沒有艱深的教義和經典，也沒有教主或先知。

荷歐波諾波諾認爲，我們人生中的問題是由潛意識中的資訊（過去的記憶）所引起的。而所謂的潛意識，是指「宇宙誕生至今所有生命體經驗的記憶」，而非只有自己出生至今的記憶。因此，如果將引起問題的資訊刪除，「任何人」都能解決所有的問題。其中最特別的是，別人發生的問題也能夠消除，這大概是其他問題解決法所沒有的一大特徵。

另外，它還認爲自己潛意識中的資訊是與別人的資訊共有，清除這些潛意識內共有的資訊，也可以同時消除別人的資訊。至於爲什麼可以，後面會詳細說明。

總而言之，荷歐波諾波諾主張即使是別人的問題，只要消除自己潛意識內共有的資訊，別人的資訊也可以清除——也就是說，「單靠自己」就能夠解決問題。

那麼，要怎麼樣做才能消除問題呢？是否需要採取什麼特別的作法？

這也是荷歐波諾波諾的厲害之處。作法其實很簡單，只要在進行清除時反覆說「對不起」「請原諒我」「謝謝你」「我愛你」四句話就可以了。在說這四句話的同時，我們潛意識中的資訊就可刪除，成爲極接近零的狀態。沒有任何困難，輕輕鬆鬆就可以進行清理工作。

在我們的潛意識中，據說每秒會產生一千一百萬位元的資訊；相對的，我們日常感覺到（能夠注意到）的意識每秒只能處理十五至二十個位元的資訊。因此，我們很難想像潛意識中發生了什麼事情。

但是，荷歐波諾波諾卻能直接對我們無法窺知的潛意識中的一千一百萬位元資訊發揮作用。雖然不能了解潛意識中實際上是因爲哪個部分的資訊引起問題，卻可以消除資訊，恢復零的狀態。

而且，這是「不論任何人」都能「自己」「輕易」實踐的方法。換言之，就是重複說「對不起」「請原諒我」「謝謝你」「我愛你」四句話而已。

這是零極限的荷歐波諾波諾最偉大的地方。沒有任何困難之處，一切都在你的掌控之中。

比經濟學家更有效的企業救星

擴及全球的經濟危機，令人驚恐，但是嘆息歸嘆息，卻又束手無策。其實眞正重要的是如何才能解決問題。

對於這種經濟危機，詢問各國經濟專家，沒有一個人能提出具體的解決方法。他們僅強調這是一九三〇年代經濟大蕭條以來，百年一次的大規模不景氣，可是又苦無解決之道。另一方面，這些專家又不斷追究經濟危機的原因，並且一致將它歸咎於「計畫」與「管理」的不當。

我的想法正好相反。只要檢驗重視「計畫」與「管理」的經營，亦即重視資訊的「知識的經營」，過去一年間產生了什麼現象，就可以一目了然。

我們可以看到每個人都認爲是「政府錯誤」「業界錯誤」「公司錯誤」，是自己以外的因素造成的，所有人都不願意承擔責任的不負責現象蔓延。即使未來花費數千億美元來挽救景氣，也未必有效。因爲，未能預測到今天的經濟狀況，也無法提出有效對策的學者或經濟學家，今後也不太可能提出有效的方法。

相對的，零極限的商業基本上不至於發生提不出對策的情形。原因在於，荷歐波諾波諾是要消除期待與願望，恢復零的狀態，以發揮最大的經營效率，同時追求最大的利益。重要的是，它將焦點放在「事物本來具備的力量」上。經營者自不用說，員工、供應商、銷售對象、相關往來客戶、股東等，分別將各自的能力發揮至最大限度，職場人員自然實現最合理的配置，因此整個企業的生產力能夠提高。

這種最完善的組織隨時可以獲得靈感，就算再度發生這種不可預測的經濟危機，也能夠以最佳的方法來因應。

即使是優秀的ＭＢＡ畢業生、在那斯達克上市的新興企業經營者、世界頂尖的經濟學家，或是動用所有人的知識與經驗，都比不上一個人來自「神性」的靈感。若想依賴最新的經營學或經濟學，很遺憾的，對於事業計畫之外的突發狀況，因應能力幾乎等於零。

由此可知，對於零極限商業而言，所謂工作計畫並沒有太大的意義。如果採取荷歐波諾波諾商業手法，從過去就一直在企業中進行資訊清理的話，就會認為此次世界性的經濟危機只是「發生應該發生的事」，而不至於大驚小怪，每天召開緊急會議。

荷歐波諾波諾的商業還有一個特徵，就是認為「發生的所有事件百分之百都是自己的責任」，這與目前世界上不負責任的風潮正好背道而馳。

因為認為「百分之百是自己的責任」，因此對自身以外的問題也會負起責任，努力解決。潛意識中與別人相關的資訊，是自己與別人共有的；清除這些共有的資訊，也可以清除掉別人的資訊。

不怪罪別人，也不仰賴別人，只是清理自己——這種想法如果能在世界上普及，一定能充分因應世界危機。

零極限的商業若繼續在世界上擴展，相信會使世界經濟發生「質變」。

就像生物接受放射線之後發生突變一般，商業也將從競爭的商業徹底轉變成荷歐波諾波諾的商業。我將這種改變稱為「質變」。

換言之，是從「計畫經營」質變為「靈感經營」。

也就是從「計畫」和「管理」為主體的「知識的經營」，質變為以「靈感」和「自由」為主體的「智慧的經營」。

不要再緊抱過去成功經驗的「記憶」，請相信從零產生的偉大靈感去行動吧！

我認為使用荷歐波諾波諾的零極限商業，對於現在的世界經濟危機而言，是一個強有力的解答。

體驗談①

憂鬱症的姊姊不再憂鬱

Serene株式會社代表　平良・普亞・貝提

我在五個兄弟姊妹中排行老三，母親因為工作忙碌時常不在家，所以最上面那位大我五歲、同父異母的姊姊便以長女的身分照顧我們，甚至還肩負起照料母親的責任。沒想到三十歲之後，她竟被診斷出患了憂鬱症。

我在二十五歲時結婚，生第一個小孩時她還非常高興，並代替工作繁忙的我照顧小孩。從那時候起，姊姊就再也沒有出過門，連去丟個垃圾都不願意。當時我正開始接觸各種課程，曾勸姊姊一起參加，或是接受個人諮商或遠距離治療，而且買了超過一百種的健康器具、健康食品，試過所有方法來治癒她的疾病，但每種方法只要沒有效果，我就會立即放棄。

到了二〇〇七年五月，姊姊以電視為伴的生活已持續了二十五年。這時我已了解荷歐波諾波諾的存在，並在當月為了上課而飛往美國。我將課程中的「十二步驟」應用在自己和家人身上，持續進行清理。之後，我覺得自己逐漸變得輕快。我接觸了荷歐波諾波諾，並開始清除資訊，經過大約半年後的二〇〇八年一月，姊姊已經會外出丟垃圾；到了六月，她也能到附近散步或購物，甚至來到我的辦公室，這離家裡又遠一點了。

我又持續清理一段時間後，開始實際體會到這些「百分之百是自己的責任」。對我而言，最大的困擾不是姊姊，而是自己心裡的「不安」和「恐懼」被投射在姊姊身上。我發現，外在所有的問題都是從自己內在產生的。於是，我把過去所抱持的「想幫助姊姊，必須為她做些事情」的意識清除，並將內在覺得姊姊有憂鬱症傾向的記憶一一刪掉（例如問題一大堆、希望她正常一點、不要老找我麻煩、姊姊是我的包袱等）。

以前我常想，如果我老了，姊姊會怎麼樣，對此一直感到不安。為了消除這種不安，我讓她看醫生、吃藥，卻沒有效果。其實，這只是我的記憶透過姊姊，以憂鬱的形態顯現出來而已；姊姊原本就是完美的，其他的事情完全是我的記憶。

發現了這一點後，我毫無罪惡感地將姊姊的問題忘掉。原本就應該完美的姊姊恢復了健康，而我也因為上述的清理工作，找回了心理的健康。

最近，我們兩人還一起回到睽違二十年的故鄉——琉球——旅行。過去不斷爭吵的兩個人，談話內容也變成了：「下一次打算去哪裡玩？」

第二章

荷歐波諾波諾的本質

夏威夷州立醫院的奇蹟

我在一九八三至一九八七年的五年間，曾在夏威夷州立醫院的特別病房服務。所謂的特別病房，是指專門收容犯下殺人、強暴、暴力、強盜等罪行，且患有精神疾病的犯人。像是某位殺死親生母親，因為自責而感到痛苦，陷入酒精中毒和精神異常的犯人，就被安置在這裡。

由於病房中經常發生病患之間，或是病患對工作人員的暴力事件，因此大多數病人都戴上了手銬或腳鐐。而工作人員為了避免凶暴的病患從身後攻擊，都養成背貼著牆壁走路的習慣。在這種恐怖的環境裡，工作人員經常請假或遲到，而且流動率相當高。

為了解決那裡的問題，州政府派遣精神治療師至醫院，但是並沒有獲得任何成效，許多治療師受不了惡劣的職場環境，紛紛自動離職。

後來，州政府派我來到這間問題嚴重的州立醫院。我既不跟患者見面，也不進行任何輔導，只閱讀病患的資料，但病患卻相繼痊癒、出院。

相信大家一定很好奇，到底我在那裡做了什麼？

其實，我只是每天進行清理工作，亦即清除資訊。去醫院之前，我會先在家中清理；在醫院裡或離開醫院後，我也會繼續清理。

過去醫院裡平均每天都會發生三、四次暴力事件，但自從我到醫院服務的兩、三個月之後，暴力事件便開始減少。因爲，暴力行爲是發生在我的內在，而不是病患的內在。光能照射到我內在的資訊，而由於引起這些現象的資訊被清除，因此對方的資訊也被刪掉。原先被認爲絕對無法治癒的重症患者，竟陸續在數月或數年之後出院。

據說，美國的州政府每年花在一名犯人身上的成本大約是五萬美元。幫助了一名犯人，我每年就可爲政府節省五萬美元的預算。整體來看，每年節省的經費超過百萬美元。而且，病患出院後會找工作，開始就業後，不但可以自己賺取生活費，夏威夷州政府還能向他們徵稅。

我所做的，只是「將自己內在把病患視爲犯人的資訊刪除」而已，結果就順利地讓病患出院。我將自己內在「他是犯人」的資訊全部刪除，因此，他自己內在有關犯罪的資訊也完全消失。他不再是個犯人。

我不僅清理病人的資訊，也將醫院建築內在的相關資訊消除。醫院裡原本有各種不可思議的現象，例如沒有人在廁所裡，但沖洗馬桶的水卻不斷地流；沒有人在浴室裡，蓮蓬頭卻突然噴出水來；連電器用品也是忽開忽關的。就像我對患者所做的一樣，我問自己：「我的內在到底有什麼，才會體驗到這棟建築的問題？」於是我清理自己。

數個月後，這些現象逐漸消失。馬桶不再自己沖水、蓮蓬頭也不會突然噴水，節省了不少水費，電器用品也恢復正常狀態。

我在州立醫院所做的，並不是爲了病患或醫院，而是爲了我自己。如果我能感到平靜，那麼病患和醫院也能夠平靜。這種想法同樣適用於工作或企業的經營。

所有的問題都發生於自己的內在——百分之百是自己的責任。也就是說，不能歸咎於自己之外的任何人。所以，是要不清除資訊，一味怪罪他人，或是將資訊清除，過著前途無限的「零極限」人生？端看你如何選擇。

用四句話來清理自己

荷歐波諾波諾用來消除資訊的四句話是：「對不起」「請原諒我」「謝謝你」「我愛你」。

這四句話是在清理自己之後，也就是人在零或開悟的狀態下產生。但它們並不是什麼新的內容，佛陀、耶穌基督、莎士比亞、歌德等過去的偉人都曾經說過。

佛陀在《般若心經》中說：「色即是空，空即是色。」所謂「空」，就是指零的狀態或開悟的境界。變成零的話，靈光得以顯現，就能獲得一切。佛陀還說，世上所認識的事全都是「空」，「空」裡則是世上的一切。

我們本來是「空」的，但資訊遮住了光，並造成干擾。荷歐波諾波諾的四句話能讓我們回到出世時的「空」的狀態。

耶穌基督說：「愛你的敵人。」這裡所謂的「你的敵人」就是指自己內在的資訊（過去的記憶）。也就是說，愛這些資訊，感謝這些資訊，就可以將資訊消除。

莎士比亞則說：「請放空自己。」並說：「這樣的話，死亡會降臨。請保持無的狀態、空的狀態。」意指理性是瘋狂、混亂、苦惱的根源。

由此可知，我說的並不是什麼新的東西，只是將過去偉人反覆說過的事，當作新的資訊傳達給大家。

莫兒娜女士開發出來的荷歐波諾波諾，是「任何人」「只靠自己」就能「輕易」實踐的問題解決法。

荷歐波諾波諾的清理方法其實非常簡單，就是反覆說「對不起」「請原諒我」「謝謝你」「我愛你」四句話而已。但就是因爲簡單，所以會湧現各種疑問——與其說湧現疑問，不如說是大家潛意識中的資訊引起這些疑問或許更爲正確。例如要向誰說、該怎麼說出口、該說多少次等等。

關於這些疑問，第三章裡將以Q＆A的形式答覆，請務必參考。

我覺得遺憾的是，大家都知道荷歐波諾波諾的這四句話，卻不願去實踐，眞的是非常可惜。因爲對大家而言，透過清理自己，是改變自己和家人的人生，以及改變自己公司的最佳機會。

荷歐波諾波諾的問題解決法，如果不去實踐，就沒有任何價值。我到各地舉辦講座、出版書籍，就是爲了教導大家清理的方法，希望每個人都能實踐。**這一切都是爲了清理**，除了這個，沒有其他目的。

因此，**大家應該做的就是清理自己**。換言之，就是使用荷歐波諾波諾的四句話——「對不起」「請原諒我」「謝謝你」「我愛你」——來清除資訊。

所有問題都源自內在

一般人常以爲所有的事件除了與自己有關的之外，都是發生於外在。但眞的是如此嗎？

假設有兩個人同時看到「紐約股市暴跌」與「以色列軍隊攻擊巴勒斯坦迦薩地區」這兩則消息，看法卻完全相反，這種情形經常發生。看見紐約股市暴跌，有投資股票的人會想：「糟糕！損失慘重！」但是沒有買股票的人對這個消息卻不會太關心。至於以色列軍隊攻擊巴勒斯坦，對以色列沒有好感的人看到這個消息，會譴責以色列，並同情巴勒斯坦人；不過站在以色列這邊的人，或許會認爲這種攻擊是理所當然的。

由此可知，即使是相同的事件，認知也會因人而異。依照腦子裡對事件的認知，該事件的發生和結果也不相同。首先要確認的是：發生於自己內心之外的事，最終什麼也沒有。發生的事（所覺知的事）全部會如同自己潛意識所思考的重新播放，並記憶在潛意識中。佛陀在距今兩千五百年前就已悟到這一點。

荷歐波諾波諾認爲，世上發生的所有問題都源自我們潛意識中的資訊（過去的記憶）。它所提到的潛意識，並非單指自己的經驗記憶，而是指宇宙誕生以來所有生命體過去的記憶累積而成的總和。因此，潛意識中的資訊並不是只引起自己的問題，也是別人問題的原因。

因此，所有問題都發生在自己之內，沒有發生在外在的問題。正因爲問題不是自己單獨發生的，即使是別人的問題，自己也有責任。換言之，就是「根源在自己」的想法。

我們習慣將問題歸咎於別人。父母不對、妻子不好、丈夫有錯、教育不對、公司不佳、社會制度不良、景氣不好、國家不對等。任何事情都輕率地歸咎於他人或環境。

荷歐波諾波諾對問題的思考方式則完全不同。思考問題時，荷歐波諾波諾經常探索：「自己內在的潛意識中到底有什麼？」「此現象是否自己產生出來的？」而且，藉著清除這些資訊來排除問題。

不再怪罪別人，體認自己的責任，那麼戀愛、商業、人際關係、人生，甚至整個世界都會完全改觀。因爲，如果原因都在自己的內在，必定能夠接近問題；反之，若凡事怪罪他人，就無法進入問題核心。就像評論家或電視觀衆般，只能在距離一步之處發出不負責任的言論。

了解到原因都在自己的內在之後，就會積極面對問題，努力解決問題。

然後更進一步，遇見有某些問題的人，可以視爲清理自己的機會；同樣的，自己發生某些問題或遭遇某些阻礙時，也可以當成清理自身的機會。

換言之，**「問題是爲了清理自己而發生的」。給自己造成問題或帶來問題的人，都是特別賜給自己清理機會的人，非常值得感謝。**

負起百分之百的責任

有一句話說：「根源在自己。」

意思是：「發生在自己身上的事，原因都在自己。」但也可以解釋成：「如果要追根究柢，自己也是原因。」這個說法雖然也認爲事情是自己的責任，但多少帶有消極意味。

而且，聽到別人說「百分之百是你的責任」時，常會想摀住耳朵。

生命中會發生各種事情。自己無法接受的事或不允許的行爲、奪走親人性命的急病或事故等，人生之中經常遭遇這些與自己責任無關的事。

但是，荷歐波諾波諾認爲這些事件也「百分之百是自己的責任」。對於這種連發生在別人身上的事也百分之百是自己責任的想法，相信很多人一開始必定會問爲什麼。不過仔細想想，「百分之百是自己責任」的想法，其實是非常光榮的。荷歐波諾波諾經常探索「自己內在的什麼原因引起這個問題」，也就是說，以「原因百分之百在於自己」的立場來思考。

理解了「百分之百是自己責任」的一瞬間，世界看起來完全改觀。從這時起，你不會再歸咎於任何人；但如果你過去習慣怪罪別人，可能覺得相當困擾。其次，「百分之百是自己的責任」還意味著承受一切，因爲包括別人的人生在內，所有的事件都發生於自己的內在。

承受「百分之百的責任」，你藉著清理自己，將會出現一個完全不同的世界。

不僅個人如此，工作和公司方面也適用。

如果自己的公司經營不善，不要歸咎於經營者、幹部、職員等，而應思索自己內在發生了什麼事，並負起責任。這才是眞正的領導者。這與職位、立場無關，即使不是經營者，只是一名工讀生，當公司經營不善，自己也要負起責任。這百分之百是你的責任。

或許與社會一般的觀念不同，但荷歐波諾波諾卻是這樣認爲。同時，荷歐波諾波諾還教導我們消除自己內在資訊（過去的記憶）的方法。它並非只告訴我們「百分之百是自己的責任」，也教我們如何解除這些責任。其實這些方法相當簡單，只要探索問題出自潛意識中的哪個部分，然後消除產生問題的資訊即可。

首先問自己：「到底是潛意識中的哪些資訊引起問題？」然後在心中對這些資訊反覆說「對不起」「請原諒我」「謝謝你」「我愛你」這四句話，就可以完成清理工作。之後則進入「神性」的領域。

在某種意義上，荷歐波諾波諾是頗有效率的商業手法。

我們有兩條人生道路可以選擇。一條是將責任推給別人的人生，另一條則是「百分之百是自己責任」的人生。

也就是說，是要繼續認爲責任在別人，還是相信責任百分之百在自己的內在。

若相信責任在自己的內在，那麼所有事情都可以在你的掌控之中。

遮蔽靈光的意識結構

我們日常能夠察覺（能夠知道）的意識稱爲「意識」（Uhane／母親），無法察覺的意識則稱爲「潛意識」（Unihipili／內在小孩）。

荷歐波諾波諾所說的「潛意識」，是指意識中擁有宇宙誕生（大霹靂）至今所有生命體所經歷的資訊。一般提到「內在小孩」（inner child），有時指幼兒期的自我意識，但在荷歐波諾波諾中意味著更廣範圍的意識。

潛意識中各種記憶的重播，即爲煩惱、痛苦、疾病、貧困等的起因。相對的，「意識」是我們日常能察覺到的意識，對潛意識而言，是如同母親般的存在。而「超意識」（Aumakua／父親）對潛意識而言，則如同父親，通常與「神性」一起運作。整理來自潛意識的資訊與請求，並傳達給「神性」，是「超意識」非常重要的功能。

「神性」是生命的根源，能消除潛意識中的記憶，賜給我們靈感。它像神一般存在，但請注意，它並非在我們的外在，我們的意識之中已經有「神性」。因此，不須依靠任何人，我們自己就可以做最佳的判斷。

意識每秒鐘能處理的資訊量約十五至二十位元；相反的，潛意識的資訊量據

大我意識（「空」的狀態）

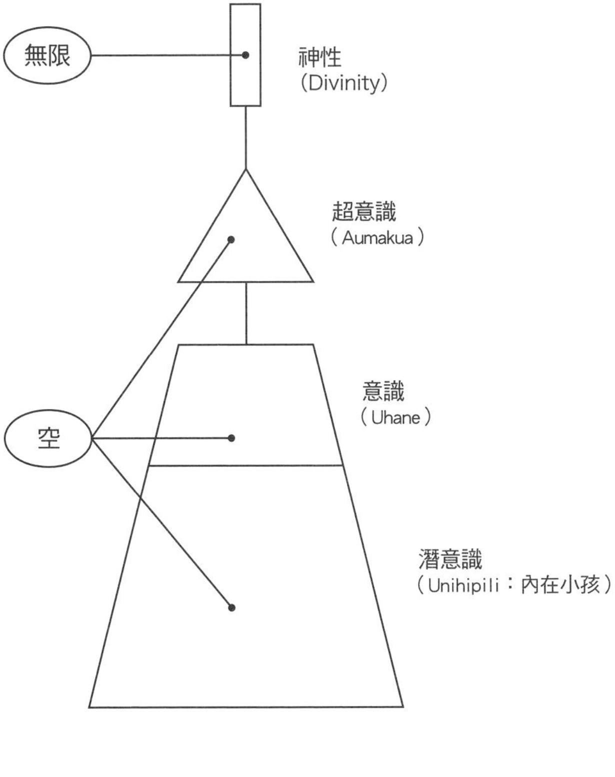
無限
神性
(Divinity)
超意識
(Aumakua)
意識
(Uhane)
空
潛意識
(Unihipili：內在小孩)

說每秒鐘可達一千一百萬位元，也就是說，相當於意識一百萬倍的龐大資訊會傳送至潛意識。

荷歐波諾波諾能直接對潛意識中數不清的資訊發揮作用，消除引起問題的所有原因，使我們恢復零的狀態。不過，我們並不知道潛意識中的什麼資訊是原因，以及潛意識中的哪些部分被消除。

我們之內已存在著「神性」，可以說隨時了解所有的事情。即使不知道自己受到什麼所左右，依然能夠刪除引起問題的部分。我認爲這是非常了不起的，因爲連原因都不需要了解。

我們常以爲可管理世上所有的資訊，其實是錯誤的。事實上，反而是我們被資訊洗腦，被資訊管理。在這種狀態下，光無法照射到我們，因爲它被資訊遮蔽了。

因此，必須將潛意識中的資訊刪除。如此一來，我們就可以從被洗腦的狀態中解放出來，恢復自由。原本被遮蔽的光也能照射到我們，恢復完美的狀態。

換言之，我們可感覺到光照射到身上，並帶來美好的靈感。

消除資訊的過程

荷歐波諾波諾認爲，「宇宙因爲資訊而成立」。

這裡所說的資訊，並非一般人指的「information」。資訊只有兩種，一種是「過去的記憶」，另一種是「靈感」，宇宙是因爲這兩種資訊而成立的。宇宙中只有資訊。

你在述說某些事情的時候，說的人是誰？其實說的人不是「你」，而是你內在的「資訊」。資訊經過種種組合，而產生出各種想法與感情。

荷歐波諾波諾之所以強調資訊，就是基於「宇宙由資訊組成」的想法。宇宙中充滿著資訊（過去的記憶），我們的內在也全是資訊。

自己身體周遭若發生某些問題，就是資訊所引起的。而因爲資訊在我們之內，因此將資訊清除的話，所有的問題都可解決。

不過，我們卻無法控制資訊，因爲我們不知道自己發生了什麼事，被什麼東西操縱，也不知道其他人實際發生了什麼事。

意識每秒只能處理十五至二十個位元的資訊；相對的，潛意識中每一秒卻可累積一千一百萬個位元的資訊。這意味著我們的意識什麼都不了解。事實上，發生了什麼或沒發生什麼，任何人都不知道，但我們卻想分析資訊來找出答案。其實我們眞正應該做的不是分析資訊，而是「消除」資訊。

那麼，到底要如何消除資訊呢？

只要清理資訊即可。資訊被清理後，光就可以通過，顯示資訊已被消除。而原來遮蔽了光的資訊消除之後，能爲我們帶來過去不存在的資訊，亦即所謂的靈感。

下面就來介紹實際消除資訊的過程。

①經過清理後，消除記憶的請求從意識（Uhane／母親）傳達至潛意識（Unihipili／內在小孩），這個請求會促使該記憶動搖、轉化，準備消除。

②意識向潛意識發出消除記憶的請求，然後再向上傳至超意識（Aumakua／父親）。

③超意識重新檢視潛意識傳來的消除請求，加上適度的修正後，傳送至「神性」。

④「神性」接到超意識傳來的消除記憶的請求，然後向超意識放出轉化記憶的能量。

⑤此能量穿過超意識、意識，到達潛意識中的指定記憶。該記憶被這股能量中和，不久之後成爲零而消除。

⑥變成零（空）的空間，可經由超意識、意識，獲得來自「神性」的靈感。

不過，要消除資訊有一個前提，就是「意識」（母親）、「潛意識」（內在小孩）、「超意識」（父親）三者不可各自存在。爲了使三者結合，愛護、疼惜潛意識（內在小孩）是非常重要的。

記憶的消除與靈感

面向 1

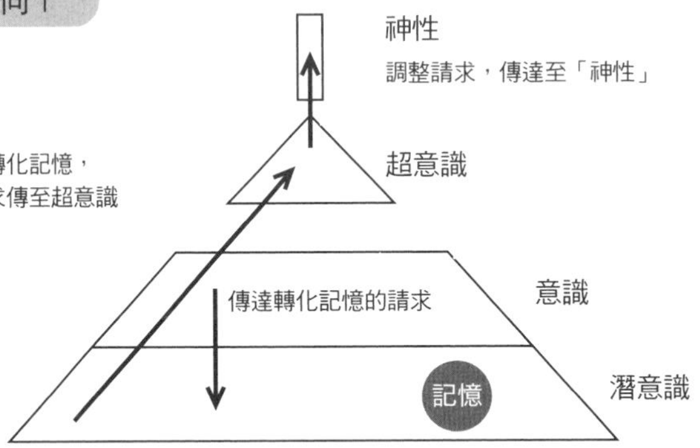
誘使轉化記憶，
將請求傳至超意識

面向 2

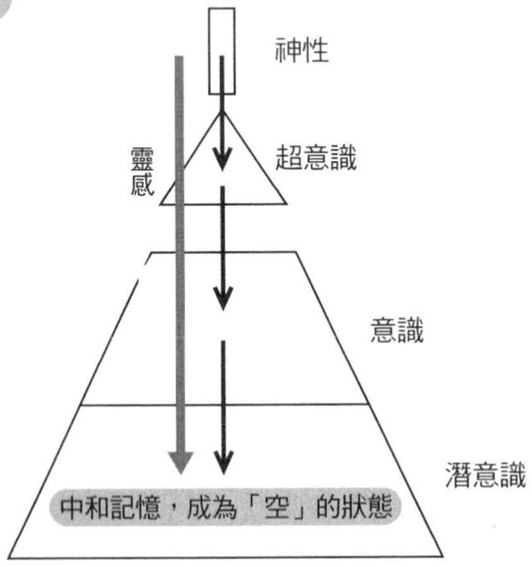

刪除資訊即可產生靈感

荷歐波諾波諾非常重視靈感。能夠獲得靈感，亦即靈光顯現的開悟狀態，正是最理想的零極限狀態。

但我們常將「直覺」與「靈感」混淆，甚至根本無法區分。有人認爲直覺是類似靈感的東西，但事實上，直覺來自資訊（過去記憶）的重播，與靈感是相對的。換言之，直覺與靈感似是而非。

來自零的狀態的靈感，荷歐波諾波諾稱之爲「靈力」，它與記憶重播而產生的直覺完全不同。在此將針對直覺做更詳盡的說明。

我們睡覺時會作夢。有關夢的心靈類書籍，常會將夢歸類爲靈感的領域，然而，夢只不過是過去記憶的重播，也是由潛意識中的資訊產生的。夏威夷有一句帶有警告意味的諺語說：「作三次相同的夢就要當心！」因爲當地人相信「夢會整人」。

這句諺語的意思大概是指「直覺來自潛意識，是過去記憶的重播，也就是舊的資訊，因此要小心」。

相對的，來自「神性」的是「靈感」，也就是「靈力」。「靈力」不是過去的記憶，不存在記憶中，是全新的資訊。

它以前從未存於世上，是首次出現的資訊，因此是來自「零極限」狀態的東西。

不過就如前面所述，哪些是直覺，哪些是靈感，我們不知道兩者之間的差異，因此無法加以區分。事實上，要辨別眞的非常困難。

區分直覺與靈感最大的重點是「從哪裡產生的」。直覺是潛意識資訊的重播，而靈感則是來自「神性」。

那麼要如何區分呢？雖然說它們分別是過去的記憶與新的資訊，但兩者的差異似乎不太容易了解。

舉例來說，回想數天前的某個行動，無意中發現自己做了件了不起的事，但到底是如何辦到的？或者，在公司偶然發現一個自己非常渴求的人才，沒有人比他更適合某項工作的人才，使業務得以完美地推動。總之，得來全不費工夫。若是要經過一番努力才能得到，那就不是靈感帶來的結果。

當我們與宇宙的運行一致時，宇宙就會賜予我們完美的禮物。

這是依循自己的生存方式，仔細思考，爲了自己，也爲了周遭的人而行動。而且，由過去的行動來看，是難以想像的。

由此可見，「無須努力」「預料之外」「無意識」乃是三個關鍵字。

而從這三個關鍵字看來，靈感不是我們想要就可以得到的。

因此，我們有必要持續刪除資訊，使自己成爲靈光顯現的零極限狀態，以隨時從「神性」獲得靈感。

構成宇宙的各種資訊

每個會操作電腦的人都知道，電腦上最重要的按鍵之一就是刪除鍵。如果沒有刪除鍵，會造成什麼結果？相信記憶體很快就會裝滿，使電腦無法運作。

現今的商業界就面臨了這樣的問題，因爲不知道刪除資訊的方法，所以要消除商業界的問題，就顯得非常困難。能夠發現問題，也能預測未來的問題，卻無法掌握問題的眞正原因和解決之道。雖然經濟領域的人善於計畫與管理，卻未察覺到刪除龐大資訊的重要性。

下面就以電腦作比喻，看看荷歐波諾波諾解決問題的方法。

首先，資訊（過去的記憶）相當於電腦記憶體中記載的內容。幾乎每個人都累積了龐大數量的資訊，沒有空間容納新的。

這時若按下刪除鍵，清除資訊，被刪除的部分就可產生新的空間，以容納新資訊。製造出新空間的，就是刪除的動作，而整部電腦就好比是宇宙。

等到資訊清除完畢後，便可接受來自「神性」的光。原本光是可以照射到我們的，但是被過多的資訊遮蔽了。

其次，消除自己潛意識中的資訊，他人的資訊也可以清除。換句話說，對他人也能帶來影響。

接下來再以電腦爲例來思考。

假設電腦爲「宇宙」，電腦病毒爲潛意識中的「資訊」，各種軟體則爲「人類的意識」。

驅除引起問題的病毒（資訊），電腦（宇宙）的資訊完全清除，所有的軟體（人類的意識）即可正常運作。

這就是消除自己潛意識的資訊，他人的資訊也一併被清除的原理。刪除了電腦（宇宙）內共有的病毒（資訊），各軟體（人類的意識）就能正常化。

那麼，人類製造的電腦與神創造的宇宙電腦有什麼不同呢？

人類製造的電腦需要「按下刪除鍵」這個物理性動作，但是，神創造的宇宙電腦只要說「刪除」，就可以將資訊清掉。在資訊消失的同時，光從相同的角度，以相同的速度穿過。這是兩者最大的不同。

而且，人類製造的電腦進行刪除時，必須明確指定刪除的內容。但是在神創造的宇宙電腦中，只要問自己：「到底是潛意識中哪個部分的資訊引起問題？」就可以鎖定該部分，之後再將它清除即可，不至於發生不慎將重要軟體刪掉的情形。

最後再說明一下資源回收筒。

人類製造的電腦，在按下刪除鍵後，刪除的資料會先送入資源回收筒。經過一段時間，確定不需要後，再將資源回收筒完全清空，騰出空間，才可安裝新的軟體。

其實人類也會採取相同的方法，把不要的資訊、討厭或想忘記的事情等，都先推到頭腦的角落。不過人類只做到這一步，並沒有清空資源回收筒。這就是每秒鐘會累積一千一百萬位元資訊的原因。

宇宙電腦示意圖

以刪除鍵清除病毒後，程式即可順利運作；
同樣的，刪除資訊後，人類的意識也可正常運作

體驗談②

在金融海嘯中提振業績

三洋裝備株式會社常務董事　菅生龍太郎

三洋裝備是栃木縣出身的父親，於一九五九年脫離上班族生涯而設立的大樓管理維修公司。父親為柔道六段，曾參加全國工商業柔道大賽，因為柔道的實力受到肯定，而進入大藏省（注：類似台灣的財政部）就職。

後來，父親辭去橫濱關稅總局的工作，在二．二五坪的空間裡，以煤炭、火爐開始營業，母親則協助處理會計事務。當時由於東京奧運的特殊需求，加上鋼鐵、造船業蓬勃發展，掀起建築熱潮，公司也在高經濟成長的背景下，增加了不少新的客戶。

之後為了配合主要客戶，將總公司遷往橫濱，創業至今已達五十年。目前年營業額約三十六億日圓，擁有一千名員工，成為神奈川縣內數一數二的大樓管理維修公司。父親擔任社長，母親為專務董事，弟弟是旗下公司的課長，身為長男的我則擔任常務董事。

不過，近年來相關產業遭遇不景氣，於是在二〇〇七年，我決定實施企業組織改革。為了公司的生存，將一千名員工中的正式職員從六百人減為四百人，計時人員則從四百人增為六百人。雖然公司瘦身了，但營業額和利潤依然大幅減少，使得〇七年的員工工作獎金不得不減少百分之三十。

二〇〇八年夏天，我開始學習荷歐波諾波諾。最初是半信半疑地重複那四句話，但在每天反覆地說「對不起」「請原諒我」「謝謝你」「我愛你」之後，開始出現驚人的現象。

員工的工作士氣明顯提高，即使沒有我的指示，他們也會主動拜訪舊客户或開發新客户，並加班至深夜，工作態度比過去積極許多。

在此狀況下，雖然景氣尚未好轉，但是公司的客户卻能增加，營業額比去年提高一成，利潤更是倍增。因此，〇八年的工作獎金比〇六年提高了百分之五，換言之，就是比〇七年增加百分之三十五，並發給員工即時獎金，這是十年來首見。

除了公司的業績之外，個人方面也開始出現變化。將荷歐波諾波諾的四句話掛在嘴上，自然不會對人口出惡言，也不再怪罪別人。每個人都站在「百分之百是自己責任」的立場，有助於解決所有問題，人生也有一百八十度的轉變。

以前常在員工面前罵人的父親，令人難以置信地變得非常溫和。而全心處理公司事務、很少與父親交談的母親，現在經常與父親閒話家常。至於不喜歡聽人說教的弟弟，也開始主動向我請教事情，並專心聆聽。

我認為這是每天和顏悅色，發自內心向父母、弟弟和員工說「謝謝」的結果。然而，不嘗試去實踐、不長期持續，是無法了解的。

謝謝河合政實先生給我這個機會，也謝謝荷歐波諾波諾。

第三章

神奇四句話的應用方法

關於如何實踐荷歐波諾波諾的四句話──「對不起」「請原諒我」「謝謝你」「我愛你」，本章將以Q&A的方式呈現。在此，我將盡可能詳細回答，如果還無法消除疑問，建議大家反問自己：「到底是潛意識中的哪些資訊產生了疑問？」

我在講座中碰到參加者反覆提出類似的問題時，也會問他們：「你認爲如何？」其實藉著荷歐波諾波諾，任何人都可透過自己與「神性」連結，並不需要刻意探尋。因此，請大家不妨直接問「神性」，這也是本章的重點。而且，要針對自己內在潛意識的資訊進行清理。

Q 要向誰說？

A 向資訊說。

「對不起」「請原諒我」「謝謝你」「我愛你」這四句話，應向潛意識中的資訊說。

雖然有人解釋爲向他人說，但是向他人說「對不起」，並不能表達歉意，說「請原諒我」也無法獲得別人原諒，說「謝謝你」同樣不能表示謝意，說「我愛你」當然也無法傳達愛。

不過，向資訊說「對不起」「請原諒我」「謝謝你」「我愛你」，大家或許會覺得有些奇怪，因此請將這裡的資訊看作「我們內在厭惡自己的資訊」。具體來說，就是自問：「我們潛意識的資訊中哪一個部分引起問題？」即使不知道此部分位於何處，仍然要反覆說出荷歐波諾波諾的四句話，以進行刪除。

耶穌基督說：「愛你的敵人。」這裡所說的「你的敵人」，不是指自己以外的人，而是指自己內在的資訊（過去的記憶）。

因此即使稱爲「敵人」，也不過是普通的資訊而已，所以「愛你的敵人」並不是太困難的事。這樣來思考的話，就可能愛資訊、感謝資訊，而且能夠刪除資訊。

請向潛意識中的資訊說「對不起」「請原諒我」「謝謝你」「我愛你」，表達感謝，以糾正自己、反省自己，最終將資訊清除。

Q 這四句話有順序嗎？

A 沒有一定的順序。

「對不起」「請原諒我」「謝謝你」「我愛你」這四句話，依任何順序來說都可以，並沒有所謂先「反省」，然後請求「原諒」，再表示「感謝」和「愛」的先後順序。即使用頭腦（理性）思考，也不過是資訊（過去記憶）的重播而已。在持續清理的過程中，依照來自「神性」的靈感，自然脫口而出的順序，對自己而言就是最佳順序。

重要的是，說了荷歐波諾波諾的四句話，就找不到「沒有犯錯因此不願道歉」或「對討厭的人說不出我愛你」等藉口。

不論是否有這種感覺，總之先嘗試去說、去實踐這四句話是很重要的。

Q 說的時候要帶有感情嗎？

A 無所謂。

美國洛杉磯住了不少與影城好萊塢相關的人，因此我在那裡經常被問到這個問題，因為他們的工作必須投入感情。

按下電腦的刪除鍵時，有人會放感情嗎？我想幾乎所有人都只是單純地按下按鍵而已，沒有人會邊說「對不起」，邊流著眼淚按下刪除鍵，也沒有人會大叫

「好，決定刪除！」然後用力按下按鍵吧！

因此，沒有必要打心底發出感情來說「對不起」「請原諒我」「謝謝你」「我愛你」。

面對引起問題的人，或許有人會認為「這個人絕對不能原諒」或「無法表示感謝之意」。這時，沒有必要打心底「原諒」或「感謝」，只要單純地說出「請・原・諒・我」或「謝・謝・你」即可。

Q 應該在什麼時候說？

A 什麼時候都可以。

「對不起」「請原諒我」「謝謝你」「我愛你」四句話，任何時候說都可以。

不論上午或夜晚，任何你喜歡的時間都可以，並沒有上午說力量較大、睡前說效果較小，或是避免在飯後說等限制。真正重要的是，要不斷重複「對不起」「請原諒我」「謝謝你」「我愛你」這四句話。

因為，即使說了荷歐波諾波諾的四句話，可暫時清除潛意識中那些遮蔽光的資訊（過去的記憶），但潛意識每秒鐘可累積一千一百萬位元的資訊，使得光很快又被其他資訊遮蔽。因此，一旦說了這四句話就不能停止，必須不斷重複，才能不被資訊遮蔽，持續顯現靈光。

Q 要說幾次才行？

A 不一定。

說「對不起」「請原諒我」「謝謝你」「我愛你」的次數並不一定。

持續說這四句話，持續清理，我認為確實是件很好的事。不過，就我自己而言，在問題消失以前，並不會輕率地反覆說：「我愛你。我愛你。我愛你。我愛你。」

而是不抱期待地先問自己幾個問題：

「自己內在到底有什麼原因造成焦躁的情緒？」

「到底是自己潛意識中的什麼資訊引起這個問題？」

然後對造成焦躁情緒或引起問題的資訊說：「謝謝你。我愛你。」

Q 四句話全都要說嗎？

A 不需要。

「對不起」「請原諒我」「謝謝你」「我愛你」四句話，並不需要每次都說齊全。

「我愛你」就包含了另外三句話——「對不起」「請原諒我」「謝謝你」——的意義。因此，只要說「我愛你」，就與四句話全部都說具有相同的效果。

我發現許多男性很難將「我愛你」說出口，因此請消除這個資訊。我第一次在日本舉辦講座時，就因爲「我愛你」這句話過於沉重，而改用「我珍惜你」。不過隨著清理，現在大家已能很自然地說出「我愛你」。

Q 抱著負面的心情來說也可以嗎？

A 沒有關係。

抱持任何心情來說「對不起」「請原諒我」「謝謝你」「我愛你」，都可以，不論負面或正面的心情都沒有關係。

如果某人覺得「帶著負面的心情說，可能產生不良結果」或「必須以正面的心情實踐荷歐波諾波諾，否則沒有效果」，表示他受到資訊（過去記憶）重播的影響，而出現這種感覺。只要確實消除資訊，就不會再有這種想法。

想想電腦的刪除鍵。抱著正面心情來按這個鍵，刪除資訊的效果是否比較好？那如果在負面心情下按鍵，資訊會繼續殘留嗎？其實不論帶著哪種心情，結果都是相同的——打算刪除的資訊，應該都可以百分之百地刪掉。

因此只要單純按下刪除鍵即可。

Q 發出聲音比較好嗎？

A 請默默地在心裡說。

默默地在心裡說「對不起」「請原諒我」「謝謝你」「我愛你」，比發出聲音要好。

例如在餐廳裡大聲說「我愛你」「我愛你」「我愛你」「我愛你」，周圍的人一定會嚇一跳。

荷歐波諾波諾並沒有一定的規則因為人類制定的規則不可能完美無瑕。而且，即使制定出完美的規則，在此規則出爐的剎那之間，又成爲另一個資訊。此時，我們不妨直接問一問存在於自己之內的「神性」該如何做。

有些人或許會獲得靈感，認爲發出聲音比較好，這時不妨依靈感而行。練習荷歐波諾波諾的最佳方法常會隨時間、地點、環境等各種條件而改變。

Q 說的時候是否要想像些什麼？

A 不需要想像任何事情。

說「對不起」「請原諒我」「謝謝你」「我愛你」四句話時，沒有必要想像任何事情。

我們想要針對發生某些問題的對象或原因實踐荷歐波諾波諾，但事實上，自己所認定的未必就是引起問題的原因。因爲，在潛意識內每秒累積的一千一百萬位元資訊之中，我們並不知道哪一部分才是眞正的原因，甚至不知道哪些資訊應該被刪除。

因此，即使想像自己所在意的事，但幾乎都不是眞正的原因。

藉著說出「對不起」「請原諒我」「謝謝你」「我愛你」，光就會進入潛意識，找出引起問題的原因，並將光照射在它之上。

Q 不是曾教導我們不要思考問題等負面的事嗎？

A 這種「思考」本身就是問題。

說「對不起」「請原諒我」「謝謝你」「我愛你」四句話時，常會思考發生問題的對象或原因。我想這裡主要就是要問思考負面的事情是否會帶來問題。

即使不想也不說負面的事，它們還是存在於潛意識中，因此必須將問題消除。我認爲「對不起」「請原諒我」「謝謝你」「我愛你」這四句話，至少不是負面的語言。荷歐波諾波諾不需要正面的想法，也不需要「期待」與「判斷」。

荷歐波諾波諾實質上的目的是「自由」。零就是自由。對著資訊（過去的記憶）說那四句話，資訊就可被消除，而成爲自由狀態。

零沒有好壞之分，非負面也非正面。成爲零的狀態，光才能進入，並獲得所有自己想要的東西。光原本能夠照射到我們，遮蔽它的是我們潛意識中的資訊。而透過荷歐波諾波諾的四句話，能夠消除資訊，使我們的靈光重現。

荷歐波諾波諾並沒有任何期待。我們想得到某些東西的時候，也就是苦惱的開始。佛陀就曾經說過，「苦」就是始於執著於某些東西的「欲」。

例如單身者想找到結婚對象，但若藉荷歐波諾波諾來清理，或許會得到「維持單身也能獲得幸福，未必需要伴侶」的結果。

成為零的狀態，是沒有欲望，也沒有需求，而且無法以言語表達的狀態。

體驗談③

患精神病的哥哥是我內心的鏡子

Terrena株式會社社長　河合政實

我有一個比我大七歲的哥哥，罹患精神病已長達三十五年，醫生說他一輩子都無法痊癒。

二十多年前，哥哥曾在橫濱車站的京濱東北線跳軌自殺。雖然幸運地保住性命，卻失去雙腳，形成精神與身體的雙重殘障。現在，他與我一起生活。

二〇〇八年十月左右，哥哥的狀況非常差，他大約每十年就會遭遇一次這樣的時期。

某個星期天，妻子較晚起床，哥哥將妻子前一天做好的高麗菜捲全部吃光光。妻子責備哥哥，接著哥哥又將冰箱中的煮南瓜拿到自己的房間吃光。由於哥哥安裝了人造肛門，因此東西吃多了就會拉肚子。

星期二，哥哥在日間暫托機構又與其他身心障礙者發生衝突，原來是他因為拉肚子而被對方說：「好臭！」回家後，原本很溫和的哥哥又開始大聲咆哮。問他怎麼了，他也不回答，就這樣鑽進房間。

突然間，哥哥又現身餐廳，吵著說：「我還沒吃晚飯。」妻子回答他：「剛才不是吃過了嗎？」但他依然堅持未吃，不肯離開餐廳。不得已的情況下，只好再給他一些食物。

每天早上，哥哥都會給去世的父母上香，但是第二天他卻沒有走出房間。我問他：「不給父母上香嗎？」他罕見地回答：「不要！」

於是，我開始在心裡默念荷歐波諾波諾的四句話。不可思議的，我發現我的心逐漸平靜。沒錯，哥哥是我的鏡子，他表現出我現在的內心狀況。

我回想起小時候，哥哥相當親切，我非常喜歡他。我想著：「哥哥，希望你能長壽。過去我常覺得你是包袱，是我的不幸，真對不起。」

另一個週末，我參加了首次在日本舉辦的荷歐波諾波諾商業課程。結果週日上午，奇蹟發生了——哥哥再度給父母上香，而且出現以前從未有過的平靜表情。

我問他：「哥哥，你幸福嗎？」他回答：「幸福呀！」我不禁懷疑自己的耳朵——精神和肉體雙重障礙的人居然會說自己幸福？

這天，我用寶特瓶裝滿藍色太陽水，帶著最佳的心情出門，參加第二天的商業課程。抵達東京車站時，我突然發現一件事。

我原本認為哥哥是我內心的鏡子，實際上不僅如此，他更是公司的守護神。我的公司是祖父於一九一八年創立的，父親則在戰後將規模擴大。原本應該由哥哥繼承，但他在就讀大學時接手公司，結果沉重的壓力導致他罹患精神病，並在數年後企圖自殺。因此，我代替哥哥經營公司，哥哥則成為我的替身，一個人背負著河合家族的命運。換言之，他是我們公司的守護神。

走在通往會場的丸之內街道上，四周非常安靜而令人愉快。我不禁向路旁的銀杏樹打招呼：「Ice blue！」（注：荷歐波諾波諾認為「Ice blue」（冰藍）一語可幫助清理。）

中午休息時間，我請修．藍博士在他的新書上簽名，並與他分享當天早上的事。修．藍博士給了我一個喜悅的擁抱。

順利上完商業課程之後，公司每天會用簡訊傳來訂單報告，而今天的單日訂單件數是最高的一次。

第四章

零極限讓商業大轉變

與對手雙贏的新商業現象

夏威夷療法荷歐波諾波諾，爲什麼能與追求利潤的商業結合？相信不少人抱著這樣的疑問。

我認爲在世界陷入經濟危機的此刻，零極限的商業手法會更受到注目。因爲荷歐波諾波諾正是能夠發揮最高效率來經營企業，並產生最大利益的方法。

荷歐波諾波諾的商業，最重要的就是「刪除資訊（過去的記憶），成爲零的狀態」。所謂零的狀態，換一種說法就是透明的狀態，亦即了解自己是誰，並充滿靈感的狀態。經營者與員工都透明，就能夠從「神性」獲得正確的資訊。

企業在透明狀態下，每個員工的生產力可提高，並抱著責任感來工作。而且，所有的員工朝同一方向行動，依照靈感完成任務。

如果不透明，企業就會呈現無責任的狀態，生產力當然降低，受到事業計畫束縛，也無法獲得靈感。於是員工們方向不同，各行其道。

企業的組織呈透明狀態，意味著「不存在反向能量」。

例如提高生產力的行動與無視於成本來製造產品的行動，或是減少加班的行動與即使加班也要完成工作的行動，就是所謂反向能量。

反向能量分別朝反方向走，絕對無法合作。因此，如果沒有反向能量，所有能量就能合流，朝著相同的方向前進。

在不透明的狀態下，自己想往某一方向走，但是卻有另外一股能量阻止自己。反之，在透明的狀態下，能量朝著同一方向，企業內出現正確的決策、正確的商品、正確的交易、正確的員工，所有工作都可順利進行。

採取荷歐波諾波諾的商業手法，可收立竿見影之效。

首先，可大幅削減成本。員工的心朝同一方向，意味著可減少許多浪費，生產力也能提高，工作自然可以快速達成。

但現在企業中經常可見員工與員工、員工與上司明爭暗鬥。表面上意志統一，事實上公司內充斥相反的活動或不同的意見。

今天企業最需要的，就是所有員工朝同一方向、在同一條道路上前進。提到這一點，或許有人懷疑在現代競爭嚴苛的社會中能否辦到。但是我絕非主張與競爭社會對抗，而是說每一名員工都應以「做眞正的自己」爲目標。

換言之，做眞正的自己，自己的工作才能有所成長。而且，同業其他公司也能同時進步，使整個業界蓬勃發展。

荷歐波諾波諾的商業，是沒有競爭對手的。

荷歐波諾波諾的商業，是雙贏的關係。

如果自己的企業經營不順，都是因爲自己遮蔽了光。

阻礙自己公司向前邁進的，不是同業其他公司，而是自己。

獲得最大利益的商業法則

零極限的荷歐波諾波諾可爲商業帶來什麼好處？下面舉例來說明。

假設我們有五個人共同經營公司，如果我對其中一人感到「不滿」，那麼公司的運作就會受阻，因爲光被遮蔽，使公司的營運停滯。

那麼，應該怎麼做？

在這種狀況下，請先反問自己：「到底是潛意識中的哪些資訊（過去的記憶）成爲對那個人不滿的原因？」然後將此部分刪除。

這個作法可以消除潛意識中引起不滿的資訊，而對方內在使我感到不滿的所有資訊也可以清除。

這樣的話，五個人都可以獲得靈感，在各自最擅長的領域中，將自己的能力發揮至極限。

最後，公司與個人的能量合流，再度朝同一方向前進。

再舉另外一個例子。

五個人接受靈感而工作時，假設其中一人浮現退出的念頭，這時，他常會因爲「沒有其他適合的工作」或「沒有適合的地方可去」，而繼續留在公司裡。

但是，實施荷歐波諾波諾的商業手法，卻會出現完全不同的結果。

原本公司的運作停止，所有人呈現封閉狀態。這時若持續刪除過去的記憶，那麼產生去職念頭的人會主動找尋最適合自己的公司，不久之後自然會離開，而空出的職位也會有適合的人接替。

於是，原來使所有人陷入封閉狀態的遮蔽原因消除，光重新照射進來，公司與個人的能量合流，組成新團隊的五個人再度朝向同一方向前進。

接下來將爲大家說明荷歐波諾波諾商業的優點。

① 改善效率，提升生產力

並非僅依賴手冊或習慣，而是藉靈感找到各種狀況下最適合的方法，然後照著方法來行動，效率和生產力當然能夠提升。

② 創造力因靈感而提高

革新、創意、合作等因靈感而提升。

③ 輕易解決工作上的問題

可以消除引起問題的資訊，使工作上的問題輕易解決。

④ 解決工作問題的責任百分之百在自己

「發生的所有事情，百分之百是自己的責任」是荷歐波諾波諾的基本原則。

當然，不僅限於自己的問題，公司發生的所有問題，自己也有百分之百的責任。

⑤ 建立適切且沒有缺點的交易關係

未來不會產生引發問題的資訊，因此能以共存共榮的精神，進行正確而適切的交易。

⑥ 放棄期待，能帶來意想不到的良好結果

零的狀態沒有負面的想法，也沒有正面的想法，不過於執著，反而能產生意想不到、令人喜悅的結果。不但能達成自己需要的業績，甚至能帶來遠超過於此的豐碩成果。

⑦ 使用精神力，學習透明性與達成目的的方法

零的狀態是透明的狀態，也是能完全發揮精神力的狀態。消除了資訊的知識，不但能成爲「智慧」，維持透明性，更能做出最佳判斷，以達成目的。

⑧ 發現眞正的自我，找出與生俱來的才能和工作目標

在零的狀態下，能發現眞正的自我，找出先天具有的才能。而且，在自己最擅長的領域，可以發揮自己最大的能力。

⑨ 能消除深植於潛意識中，對自己的計畫、目標、決定、結果造成各種影響

的負面程式

刪除潛意識中的資訊，可消除對工作具有不良影響的負面程式。

⑩拋棄「已經了解」的想法，依循靈感行動

在零的狀態下，沒有對也沒有錯。放棄執著，依循靈感行動。

⑪學習依循靈感來完美解決問題所必需的開放而柔軟的姿態

處於零的狀態下，不執著於某些事物，放棄一切。這就是開放而柔軟的姿態。

荷歐波諾波諾的商業具有上述這些優點。或許有人質疑：「真的這麼簡單嗎？」事實上，全世界有許多人將荷歐波諾波諾應用在商業上，得到極佳的結果。這是真的。

但請消除這種「期待」。這才是荷歐波諾波諾的商業。

改變公司的不二法門

企業內出現某些問題時，先反問自己：「這個問題是我記憶中的哪一個部分引起的？」然後在心裡默念荷歐波諾波諾的四句話，將過去的記憶消除。即使沒有特別的問題，平日經常說這四句話，就是荷歐波諾波諾商業的態度。

其次，將清理資訊的範圍由自己擴大至公司的同事、上司、部下、客戶、銀行等。於是，與商業有關的公司資訊全部消除。還有，出現在桌子、電腦、地板、牆壁、天花板的所有資訊都被清理、消除。光是這樣，公司和業務就會改變。

因為，公司與宇宙同樣是由資訊構成的。公司業務不佳，原因只有一個——公司充滿舊的資訊，亦即有大量未清除的資訊。只要公司內部充滿舊的資訊，光就會被遮住，無法照射進來。

在舊資訊包圍的環境下工作，極需體力與意志力，而浪費原本應使用在工作上的力量。如何才能清除殘留在公司內的舊資訊呢？

請採取我在夏威夷州立醫院特別病房的作法，一個人確實地進行清理工作。

不限於經營者，可由任何一名職員抱持著對公司有百分之百責任的態度，來刪除舊資訊即可。

簡單來說，就是「將舊資訊從自己的潛意識中刪除」。

不需要管理就能激勵同仁

說到企業，或許就有人會想到「管理」。上司管理屬下，以獲得最高的業績為目標。但是，企業內眞的需要管理嗎？眞的需要管理幹部嗎？

我相信任何人都不願受別人管理。想想看，當上司說：「無法百分之百信任你。」「無法將工作全部交給你。」「我負責管理你。」「我在監督你。」或是換一種說法：「我信賴你。」「全權交給你處理。」「我認爲你的表現非常好。」「我欣賞你的作法。」

兩相比較之下，後者應該較能夠激發屬下的工作士氣吧！

假設你是管理幹部，對屬下的表現不滿意，這時最好反問自己：「我內在是否有什麼原因，使屬下對職場不滿？」若能將此部分刪除，屬下必能抱著認眞的態度，努力工作。

很多人以爲管理者的工作是給屬下建議，但效果通常不明顯，因爲屬下都聽不見建議。與其說「聽不見」，或許說「不願意聽」更爲正確。

這就好比我們給晚輩的建議很少被接受一樣。如果對晚輩有什麼意見，不如將此部分刪除，或許更有效率。這樣的話，晚輩會產生自覺，並主動走上正道。

自己達到零極限（開悟），屬下也能進入零的狀態，雙方就可以直接相互接受最佳的資訊。以下就舉例來說明管理者的工作。

假設你是公司幹部，對某個屬下的行爲感到不滿。一開始認爲對方「不知道打招呼」，接著是「工作效率不彰」，最後對他「業績不佳」感到不滿。

但是，問題的原因不在屬下，而是在你自己。

荷歐波諾波諾的基本原則是：包括別人的問題在內，所有事情的責任百分之百在自己。基於負「百分之百責任」的立場，屬下出現「不知道打招呼」「工作效率不彰」「業績不佳」等問題時，原因都在自己。

因此必須先自問：「到底是我潛意識中哪一部分的資訊引起屬下的問題？」

這些資訊可以使用荷歐波諾波諾的四句話來刪除。

如此一來，或許第二天上午屬下就會向你說：「早安。」然後再仔細想想，其實他並非效率不佳，只是做事的方法較為慎重而已。經過一段時間，他的業績也開始逐漸回升。

或者，這名屬下經過人事異動，調到其他部門，取而代之的是比他更適合該職務的人。

身為管理者的你，不需要一一叮嚀，也不必讓那名屬下辭職，員工們自然會在工作上兢兢業業，或是出現意想不到的人事異動。

由這個例子可以了解，自己成為零的狀態後，原本認為無法勝任工作的屬下，變成能幹的人，或是自然出現最適合某項工作的人才。換言之，自己周圍會自然聚集最適材適用的人。因此，要做的只有兩件事。

清理及抱持「自己部門發生的事，百分之百是自己責任」的態度。

清理部門內的舊資訊。問自己：「部門內發生的問題，到底是我潛意識中的哪些資訊所引起的？」然後將資訊刪除。

而且，身爲管理者的你，如果愛自己、疼惜自己，這種想法必定能擴大至整個部門。

最後，屬下都會尊敬你、愛戴你。

我認爲這才是眞正的管理。

拋開事業計畫，開創新格局

有人說現代企業經營的根本就是「事業計畫」。

所有大企業都有各自的事業計畫，企業向銀行融資時，事業計畫也是不可缺少的資料。據一位曾擔任銀行行員的人士表示，中小企業是否擁有詳細的事業計畫，可決定該公司的融資金額上限。

在商業界中如此受到重視的事業計畫，眞的那麼重要嗎？

人生中會發生許多無法預料的事，這是必然的過程。而公司也與人生一樣，許多事都無法預知。等到事情發生之後才不知所措，卻爲時已晚，因爲發生的事情已無法改變。

而荷歐波諾波諾的方法就是即使看不見，仍要清理宇宙間不斷流動的能量，以化解無法預期的事情。

人的意識中，有心靈（spiritual）、精神（mental）、物質（physical）三種層面。但是，法人（公司）只處理能夠以具體數字顯示的營業額、利潤等物質層面，要預測心靈和精神領域發生了什麼事，是非常困難的。相對的，荷歐波諾波諾卻能夠同時處理心靈、精神、物質三個層面。

例如消除潛意識中的資訊，進而獲得靈感，就屬於心靈的領域；所有事件「百分之百是自己的責任」可說是精神領域；至於我在日本的講座中介紹過的「身體重新平衡」運動，則屬於物質領域。

由此可知，荷歐波諾波諾不僅處理營業額、經費、利潤等物質層面，還可同時處理心靈和精神領域。因此，即使發生事業計畫中沒有的突發狀況，也能妥善因應，並預測新的趨勢。

反之，僅根據物質領域，亦即根據數字來經營企業的話，「凡事必須依照事業計畫來進行」的想法會限制企業的發展。所以，我認為事業計畫基本上並沒有太大的價值。

如果眞的要製作事業計畫，那麼基於什麼樣的動機而做是最重要的？是因爲獲得靈感而製作計畫，還是認爲製作事業計畫爲理所當然的事？這兩者之間有很大的區別。如果是因爲不得不做，而擬定事業計畫，這種計畫眞的能發揮效果嗎？

答案是NO，因此才會發生金融海嘯。

我認爲如果事業計畫能夠發揮眞正的功能，應該就不至於發生二〇〇八年的世界性經濟危機。就因爲過分執著於事業計畫，因此發生無法預期的狀況時，任何人都拿不出因應方法。

但我並非因爲如此，就主張「立即停止擬定事業計畫」。在公司工作，若處於非擬定事業計畫不可的環境，請儘管去做，沒有必要在公司標新立異。企業內若存在著所謂事業計畫的文化，就不妨繼續保持。

不過，在擬定事業計畫的過程中，請不要忘記清理資訊。要使事業計畫成功，持續消除資訊是非常重要的。

因零極限而生的商機

或許有人認為，即使每天透過荷歐波諾波諾刪除資訊，使一切恢復零的狀態，可能也很難發揮創造性功能，產生出新的產業、開發出新的商品。

其實，荷歐波諾波諾充滿想像力的領域，是能夠發揮這種本領，產生出新產業的。零的狀態正是產生一切的根源。

以農業和食品業為例，來看看應用荷歐波諾波諾之後，有什麼新的發展？

荷歐波諾波諾有各種清理工具，有些單是持有就能發揮效果，有些則只要想像就能消除資訊（請參照附錄Ｉ）。

以荷歐波諾波諾為基礎，可能開發出只要食用就能自然進行清理的食品。實際上，已經有企業家打算開發這種食品。

如果出現新的食品產業，就需要運送這些革命性食品的新流通網。接下來，也會開發出支援此流通網的電腦系統。而若將這些食品輸往海外，與出口相關的新服務也將應運而生。

由此可知，即使只是一種新類型的食品，新形態的相關產業也會逐漸向周邊擴大。不過，若要具體地問哪些食物具有清理功能，則必須先食用，再進行清理之後才能了解。即便如此，我也已經知道有幾種只要食用就可以進行清理的食物，例如小蝦子就是其中之一。只要吃這種蝦子，就能消除阿茲海默症或綜合失調症等的資訊（過去的記憶）。

不久的將來，只要喝咖啡就能刪除資訊，讓喝的人清楚知道自己是誰的時代可能就會到來。屆時，世界將發生重大變化。

上面舉出農業或食品產業的相關例子，可說是全新的商業形態。我認爲這就是從零的狀態發展出來的商機。所以，從荷歐波諾波諾產生出新的產業，或是在既有產業開發出新的產品，是非常有可能的。

不過，我們也不必爲了此目的，而處於零的狀態之中。因爲，公司或商業本身也有意識，我們不去干擾，它本身就會做應該做的事情，必要的人才、資金、技術等自然聚集而來。換言之，應該發生的事就會發生。

唯一的方法是每天進行清理，以隨時從「神性」獲得靈感。亦即每天在心裡默念荷歐波諾波諾的四句話「對不起」「請原諒我」「謝謝你」「我愛你」，持續刪除潛意識中的資訊。

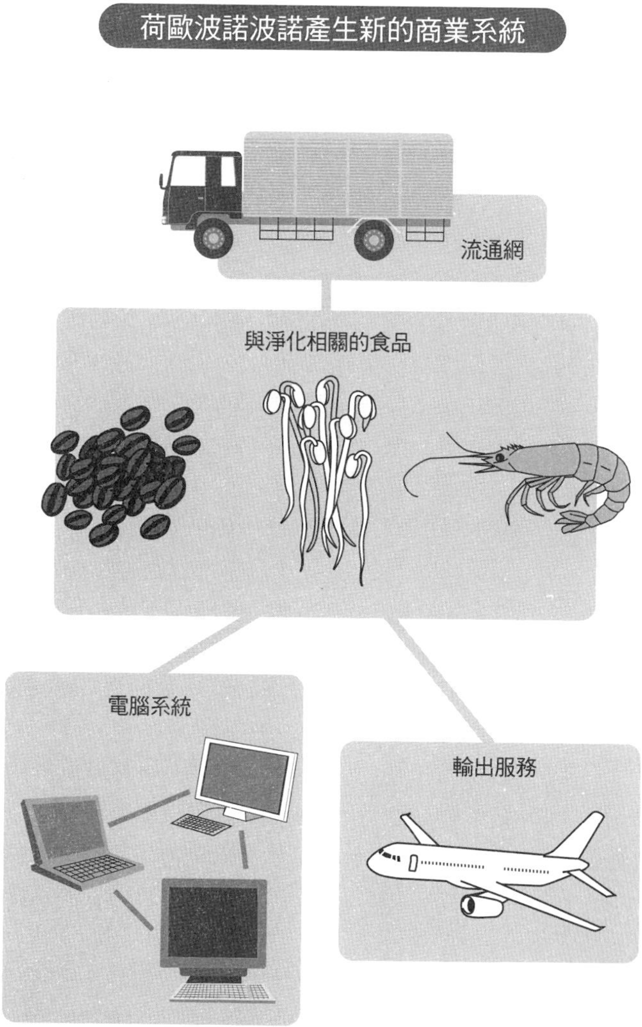

體驗談④

創下十六年來最高營業額紀錄

住友生命保險相互會社支部長　廣瀨泰彥（假名）

我是一家大型壽險公司的支部長，在現在的部門已任職大約十六年。自從五、六年前開始，我在部門內的人際關係出現問題。為了改善狀況，我閱讀了各種書籍，只要是可能有幫助的方法，我都會去實踐。

但這樣做並沒有顯著的效果，而且大約兩年前開始，部門內的人數減少，營業額也持續衰退。當時，我聽說喬．維泰利博士的「吸引力法則」相關書籍中提到荷歐波諾波諾，立即買來反覆閱讀，終於恍然大悟，這正是我多年來一直追求的東西。

為了更深入學習，我上荷歐波諾波諾網站瀏覽，得知兩個月後將在東京舉辦日本首次的商業課程，於是馬上報名。

報名之後大概經過一星期，工作方面陸續出現值得高興的事。

我與一位超過一年沒有見面的公司老闆終於約好時間，而且一口氣簽下三件大型合約。

人際關係也漸漸改善，業績也明顯提升。

二〇〇八年十月十二、十三日，我參加了荷歐波諾波諾的商業課程。不過，當時我對於如此簡單的事情是否真的能發揮效果，還抱著半信半疑的想法。但或許是受到修・藍博士的魅力影響，他給人一種「可以追隨」的安心感，於是我決定確實去實踐這個方法。

上完課後沒多久就進入十一月，也就是名為「壽險月」的業務加強月，結果我該月業績創下過去十六年來的最高紀錄。

事實上，我並沒有下太多工夫，只是每天清理而已。為什麼業績卻能大幅提升呢？令我感到不可思議。

公司每個月的營運，月中有四次結算，加上月底的最終結算，合計有五次。每次到結算日當天，業務員都會簽下令人驚訝的大型合約。通常是中午以前還毫無跡象，到了下午突然接到客戶電話，並立即簽約，幸運的事情不斷。

在這個重要的月份，每次結算都繳出漂亮的成績單。到了第二個月，持續出現相同的狀況。這只能說是拜荷歐波諾波諾之賜。

數天前，它又發揮了神奇效果。我與某個新進業務員去拜訪一位幾乎可確定簽約的客戶，沒想到卻一口被拒絕。到了這個月的最終結算日，這名新人的業績仍然掛零，最後只剩下實踐荷歐波諾波諾一途了。

走出客戶的家，雖然認為機會不大，我還是決定一試：「請刪除我潛意識中導致被拒絕的記憶。」「對不起，請原諒我，我愛你，謝謝你。」

一小時過後，我在公司裡突然接到這位客戶的電話，順利簽下了合約。

盡了一切努力仍被拒絕，卻在一小時後簽約。這種例子非常罕見。

之後又發生了多次意想不到的事，讓人充滿驚奇。

實際上，我只是做下面這些事：

每天上午員工上班前，我會在每個人的椅子上坐一下，進行清理，同時請求椅子和桌子協助它們的主人。

與辦公室的土地、建築、公司本身、公司的每個房間對話，並進行清理。

在辦公室中放置一顆椰子。

就是這些動作帶來了令人驚訝的結果。真是不可思議。

第五章

讓事業成功的荷歐波諾波諾

清理公司的重要性

荷歐波諾波諾的原則是，除了發生在自己身上的事之外，包括其他人在內，世上發生的所有事情「百分之百是自己的責任」。只要領悟這件事，一瞬間，整個世界看起來都會改觀。

換言之，所謂「百分之百是自己的責任」，就是「自己承受一切」，也可以解釋爲包括他人的人生在內，所有的事情都是發生在自己的人生之中。

了解「百分之百是自己的責任」之後，與家人的關係、金錢關係、人際關係，以及在公司內的工作，都會感覺與過去完全不同。因爲，如果原因在自己之內，就可以自行轉化，亦即一切的根源都在自己。在某種意義上，也可以解釋爲自己獲得了具有無限可能的零極限人生。

單純由商業來看，我們可以發現荷歐波諾波諾所謂的理想企業，實際上存在於自己的內在。

因此，只要站在「百分之百是自己的責任」的立場，即使不是公司老闆或經營幹部，而只是普通職員，甚至是約聘人員，也能建立一個處於零極限狀態的公司，也就是理想的公司。

要建立理想的公司，亦即讓公司恢復零的狀態，不僅公司本身、經營者、職員、約聘人員等公司成員，連公司所在的土地、建築物、客戶等所有相關的自然人人格和法人人格的資訊也都必須清除。

或許有人感到驚訝，公司也有人格。公司本身處於開悟的狀態，因此它知道眞正應該怎麼做。我們若能放棄執著，訂單自然能源源而來，使營業額不斷成長。

但是公司經營者或員工的各種執著或苦惱，往往使公司陷入困境。因此必須清除這些資訊（過去的記憶），進行解放。也就是說，應反問自己：「到底是自己潛意識中的哪些資訊使公司遭遇困難？」然後刪除。

當然，也必須清除公司經營者和員工本身的資訊，使他們恢復零的狀態。換言之，要反問自己：「潛意識中的哪些資訊使公司的經營者和員工們苦惱？」然後將資訊刪除。而且，在公司裡遇到的人並非偶然相遇，而是爲了提醒自己必須進行清理而相遇的。

此時，你的公司運作已相當順利，並接近零的狀態，但是還未竟全功。

接下來，還得爲總公司和分公司所在的土地和建築物清理。

公司的土地和建築，從過去到現在，或許曾因爲在此工作的員工們的種種執著而困擾，土地還可能因爲數百年前的戰爭或紛擾留下的憎恨與恐怖而痛苦。

這些過去的記憶都應刪除，也就是說，要捫心自問：「自己潛意識中的哪些資訊使這個地址（此時心中默念地址）上的土地和建築物受到痛苦？」然後將它們刪除。

最重要的則是針對交易對象的清理，特別是往來銀行。

必須清除所有交易對象的資訊，亦即自問：「自己潛意識中的哪些資訊使這家公司（心中默念公司名稱、總公司地址、經營者的名字）遭遇困難？」然後將它們刪除。

習慣了清理的方法之後，即使只是瀏覽書寫在紙上的員工名冊、營業據點表、交易對象名冊等，或是用鉛筆尾端的橡皮擦塗抹，也具有相同的效果。

如果未經清理就與人交易，可能會分享到交易對象的資訊。因爲交易對象公司的資訊由它的員工與產品共有，若與該公司的員工接觸，或購買該公司的產品，就會共有該公司的資訊。這跟傳染感冒的原理相同。

與擁有巨額利潤的優良企業交易的，多半也是優良企業。相對的，虧損企業下的轉包公司幾乎也都不賺錢。這並不是偶然的。兩者之間的差異，就是共有資訊的一方爲「盈餘」，另一方爲「虧損」。

但如果經常清除交易對象的資訊，它的問題就會消失。而且，持續進行清理，讓自己的公司始終保持零的狀態，那麼不久之後交易對象的資訊也能清除，而達到零極限狀態。成爲靈光顯現的零的狀態後，雙方形成互相合作、共同成長的關係，並產生利潤。

這就是所謂「共存共榮的關係」。

當有人問我經營者最重要的工作是什麼時，我會毫不猶豫地回答：「清理公司。」這是非常重要的，我想大家也已經了解了。

但是，公司的清理工作不單是企業老闆或經營幹部的事。

不論管理幹部、一般正職員工、派遣員工或是計時人員，清理工作同樣重要。有時認眞的計時員工比不負責任的經營者更能清理公司。

重點是能否站在「百分之百是自己的責任」的立場。首先，必須各自確實，然後在各自的崗位上扮演好自己的角色。

何謂眞正的領導管理？

「善用人才」「活用人才」等用語泛濫，但是荷歐波諾波諾所謂的「活用人才」，卻意味著「使人恢復本來的狀態」，亦即成爲零的狀態。

宇宙創造之初是完美的，而宇宙成員之一的人類，被創造出來時也是完美的。

如果現在無法獲得自己想要的東西，原因就在於光被資訊遮蔽了。但很諷刺的是，製造出這些資訊的卻是我們自己。

發生問題時，我們常歸咎於父母、朋友、學校、公司、同事或上司，甚至是從國家教育制度到經濟政策等一切外在原因。

同樣的，公司經營不順，或無法達到自己期待的狀態，也是因爲你自己製造的資訊。如果出現問題，絕非員工、經營幹部、競爭企業、業界、政府的責任。

分析問題，並不能解決任何問題，最多只能重新檢討沒有效果的事業計畫，或是擬定加強管理的計畫，使員工提高工作欲望而已。

在公司中，若想發揮領導力，我認爲站在「百分之百是自己責任」的立場，才是眞正的領導統御，也才能夠因應一切狀況。

公司業績不振，不能將責任推給別人，也不可追究別人的責任，應該檢視自己內在發生了什麼。這才是眞正的領導者，眞正的領導統御。

公司裡有一名能百分之百負起責任的領導者，就不需要人的管理。

我想沒有人喜歡被管理，聽到有人說：「我在管理你。」沒人會覺得高興。

我認爲領導者實施人的管理，目的是爲了放棄百分之百的責任。其實員工希望聽到領導者說：「我百分之百信任你！」

實施管理與「我不信任你」具有相同的意義，其實會產生反效果。

我們不需要太聰明，只要內心單純就好。

例如在大學取得博士學位，獲得了許多「知識」，但是未必能得到「智慧」。即使在大學裡學到各種有關商業的知識，但這並非「智慧」，只是在腦子裡塞入了「知識」而已。

所謂「智慧」，不是來自過去記憶的重播，而是來自零的資訊。只有從零的狀態，亦即從「神性」得到的資訊，才是我們所要的資訊（智慧）。這是原本就存在於我們內在的東西，而且，「智慧」是不能用金錢買到的。

荷歐波諾波諾提供了可以經常清理經營者、管理幹部、員工、交易對象、土地、建築物等，使公司達成零極限狀態的方法。也就是建立一個能夠把我們原本具有之「智慧」發揮到極致的環境。

所有問題的原因都在資訊（過去的記憶），這些資訊能讓你看到對方的問題。

因此，只要有資訊，就能夠完全體驗對方的狀態。若認爲責任在對方，你就看不到眞相。

商業不是單獨一人能夠完成的。有一起工作的同事，才能形成所謂公司這樣的組織。公司是一個家族，也是一個團隊。

責任都在你之內。下決心負起百分之百責任的人才能成爲領導者，這與擔任什麼職務無關。

而負起責任的唯一條件，就是經常且持續地清理。

運用在醫療上效果顯著

荷歐波諾波諾對健康也有幫助。

事實上，很多疾病是潛意識中的資訊（過去的記憶）被投射在現實社會中而引起的。

因此，經常處於零極限狀態，承受一切而生存，就不會生病。相反的，被資訊洗腦，凡事「必須這樣、必須那樣」的生活方式很容易引發疾病。還有，潛意識中的疾病資訊重播，也會引起疾病。

因此，利用荷歐波諾波諾清理公司，將可大幅減少醫療方面的經費。具體的說，教導公司經營者、員工或公司本身如何清理，就可減少醫療保險上的開支，因爲糖尿病等成人病的發生率將大幅降低。

夏威夷大學進行過一項臨床實驗，將高血壓患者分成兩組，其中一組接受了半天的荷歐波諾波諾課程。結果發現，接受過這個課程的人高血壓的數值出現明顯改善。

美國企業將營業額的百分之十五至二十左右作爲維護員工健康的預算。也就是說，企業營業額的百分之十五至二十用在醫療上。

仔細思考，這是相當可觀的損失。如果能降低此部分的費用，就可以轉成公司的利潤。

關於荷歐波諾波諾對高血壓的效果，夏威夷大學的克雷澤博士領導的團隊曾根據臨床實驗結果發表研究報告，下面就簡單介紹一下。

◎「透過荷歐波諾波諾回歸自性本我」作爲高血壓輔助療法的效果

荷歐波諾波諾能幫助企業大幅減少醫療費用，降低成本，克雷澤博士的論文可以作爲參考的例子。

參加這項研究的包括夏威夷人、住在夏威夷的亞洲人，以及其他太平洋群島的原住民等，合計二十三人。他們是透過傳單、居民集會的宣布、口頭或電話傳達、網路宣傳、地方活動等募集來的。

參加者接受了半天（四個小時）的荷歐波諾波諾學習課程，透過了解自我，在各自的內在建立平衡感，並學習如何正確觀察壓力。另外，他們在學習「懺悔、原諒、轉化」的問題解決方法的同時，還學習如何將此方法帶入日常生活之中。

不過課程結束後，他們並未被要求複習或進一步研究荷歐波諾波諾，完全尊重每位參加者的自主性。

參加者在接受課程之前和之後，反覆測量血壓，然後依廣義估計方程式（Generalized estimating equation）來比較測量結果。

血壓測量大約每隔一週實施一次，第一次測量是在參加者登錄之時，亦即接受課程的四十五天前，並追蹤至課程結束的二個月之後。

調查結果顯示，接受課程的二個月之後，參加者的收縮壓平均比上課前降低了一一·八六毫米汞柱，舒張壓也比上課前低了五·四四毫米汞柱。

克雷澤博士的論文做了以下的結論：

「在統計和臨床上，荷歐波諾波諾都達到使血壓明顯降低的效果。它很容易帶入日常生活之中，而且能以很低的成本輕易理解它的內容。另外，它也不會爲身體或社會帶來風險。荷歐波諾波諾對高血壓和高血壓前期的病人具有安定血壓的效果，並能使實踐者心情平靜，不僅對高血壓的效果值得期待，對其他身體狀態也可能帶來益處。」

由此可知，活用荷歐波諾波諾，不但有助於維護個人健康，還能幫助企業減少醫療開支。

讓女性幸福有助於公司發展

最近發生的世界性經濟危機造成極大衝擊，但如果女性幸福的話，大概不會發生這種狀況。女性若能處於零的狀態，世界經濟立即可以恢復正常，因此，根本不需要高達數千億美元的經濟對策。

提到經濟問題，一般人很容易認爲原因在於經濟本身。其實，此次世界經濟危機眞正的原因是女性沒有被疼愛、被重視。女性對男性憎恨或厭惡的「巨塔」開始矗立在世界上，才使得世界經濟惡化。

可能有人會反駁：「女性與世界經濟問題有何關係？」「女性對男性的憎恨與經濟怎麼會扯到一起？」但我希望大家思考一下。

家庭由父母與子女組成。父親不幸，或母親不幸，又或是子女不幸，整個家庭就不可能幸福。因爲，家族中有人感覺不幸福時，如果不清理，那麼資訊就會從家庭的各個成員擴散至其他人。

想想看，如果擴大至整個地球會如何？

女性占了人類的半數。如果女性感覺不幸福，或是對人類另外一半的男性感到憎恨，會有什麼後果？一定會發生相當恐怖的事，而現在正是出現了這樣的狀況。

女性感覺到的資訊不僅會傳達給男性，更會擴大至全世界。怨嘆、悲傷、憎恨、憤怒、無力感等所有負面情緒聚集，然後傳給全世界的男性。接著，男性又將這些負面情緒擴大至世界上所有的公司、政府、國家，世界經濟當然會受到重大影響，發生經濟危機也是無可避免的。

在此次經濟危機中，美國三大汽車廠接受政府數千億美元的援助，而且還要求追加援助。事實上，這些行動並不能解決問題，最有效的方法是消除美國與全世界女性潛意識中長久以來對男性的負面資訊，使她們回到零的狀態。女性回到零的狀態後，就會覺得幸福，男性也跟著變得幸福。而女性幸福後，丈夫和子女都會覺得幸福，丈夫的公司也能順利發展。

家庭中發生了某些問題，代表公司中也發生了某些問題。因爲，「家庭」與「公司」透過自己而結合。相反的，公司裡發生的事，也會發生在有關連的家庭中。清理家庭中的問題，透過自己而結合的公司也可以被清理。

因此，女性的角色非常重要。但這並非意味著女性比男性重要，而是指女性應該扮演好女性的角色。這樣的話，男性自然也能夠發揮男性的功能。

例如身爲專業家庭主婦的女性消除了家庭內的問題，透過丈夫，同時也能消除丈夫公司內的問題。而若是職業婦女，清理了公司內的問題，經由自己，同時也清理了家庭內的問題。

因此，我認爲女性扮演好她們的角色非常重要。

在企業中，女性原本最適合擔任副總經理這種居中協調的職務，但男性常認爲女性不夠資格、能力較差，並壓抑她們。而且，遇到有能力的女性時，男性的嫉妒心往往超過女性。我就曾聽日本的經營者說過：「沒有比男人的嫉妒心更可怕的東西。」

男性充分理解女性角色的重要性，女性的角色自然增強；幸福的女性增加，家庭、公司，甚至全世界的經濟都會改善。

指引公司的「零極限」

佛陀在《般若心經》中說：「色即是空，空即是色。」所謂「空」就是零，是指開悟的狀態。世上所認識的一切事情都是「空」，在「空」裡的事情則是世上的一切。

在清除「欲望」（過去的記憶），成爲「空」的狀態之後，我們的靈光就會顯現，並帶來靈感。

佛陀認爲人類的「欲望」是所有痛苦的原因。其中最根本的痛苦就是生、老、病、死「四苦」。人類自從誕生以來，就一直爲此「欲望」所苦，特別是對「四苦」的執著，成爲自己遮蔽、阻擋光的原因。

「欲望」的英文爲desire，desire可以分成de和sire兩部分。sire意爲「父親」，de則爲「分離」。也就是說，desire是「離開父親」的意思。而在荷歐波諾波諾中，父親是指神。因此，欲望也就是指「離開神」。換言之，所謂「欲望」意味著離開了光，並遠離神性。

佛陀說人類的欲望是所有痛苦的根源。此「欲望」之中不只有引起痛苦的問題與負面想法，甚至還包含正面的想法。而佛陀所說的「空」的狀態，是指沒有任何東西的全新狀態，其中當然也沒有任何資訊（過去的記憶）。

處於「空」的狀態中，沒有「好」或「壞」，也沒有「負面」或「正面」，當然也沒有任何想法。沒有任何資訊的地方是完美的，因爲是零的狀態，因此能顯現靈光。

但是，企業卻很難達到零極限的狀態。

世界頂尖的經營專家或顧問，都不斷強調事業計畫和管理的重要性。不但對零極限狀態不屑一顧，反而大力鼓吹要「堅持」已擬定的事業計畫——我們稱之爲公司業務手冊化和公式化。

聽說日本依照手冊而一成不變的服務，已使消費者厭煩而失去支持，規格化的外食產業中也有不少企業業績持續衰退。再來就是管理幹部的問題。

我抵達成田機場，在赴東京的飯店時都會經過丸之內的商業區，辦公大樓經常到深夜時分依然燈火通明。在我看來，這時仍在工作的人都是已沒有靈魂的軀殼。

聽說在日本的公司，女性幾乎都準時下班，而男性員工，特別是主管級的人則常加班到很晚。這簡直非常荒謬。

這些主管看起來似乎只是在比賽誰比較晚下班。我懷疑他們晚歸是否眞的爲了工作，因此才會說他們已魂不守舍。而且，這些公司都是日本代表性企業的總公司或分公司。更令人不解的是，日本企業的經營高層讓自己的屬下做這樣的事，不覺得羞恥嗎？

爲什麼不好好思考如何提高生產力，以在規定的時間內完成工作呢？這樣男性早一點回家，女性也會感到幸福。就像前面說過的，有幸福的家庭，公司的業績才能成長。

如果檢驗過去一年以「計畫」與「管理」爲主體的「知識性經營」產生了什麼結果，相信就會感覺到質變的必要性。

未來將是以「靈感」與「自由」爲主體的「智慧性經營」的時代。

過去的成功經驗都是舊的資訊，應將這一切歸「零」。

「重視家庭」使公司成功

公司成功的祕訣是什麼？

我的答案是「重視家庭」，亦即愛自己的家人。

爲什麼重視家庭，事業也能成功？原因在於「家庭」與「公司」透過自己而結合。當家中發生某些問題，公司也會發生問題。相反的，公司發生的事，也會在家中發生。因此，消除家庭中的問題，也可以消除公司的問題。

所以，必須重視家庭。

希望大家不要誤解，「重視家庭」並不是指「不加班，盡早回家」。能早些回家固然最好，但所謂「重視家庭」，乃是指愛自己的家人，重視與家人之間的關係。

在此，傳授大家一個促進家族關係的方法。

與人說話，最好利用對方睡覺時，因爲此時對方的心智也在沉睡，不會發生爭論。

例如丈夫可以在妻子睡覺時對她說：「謝謝妳和我一起生活，也謝謝妳爲我生下這麼優秀的孩子。」然後接著說：「如果我傷害了妳，眞的很對不起，請原諒我。」如果對方是睡著的，實質上不在同一地點也無妨。

這樣就可加深自己與家人之間的關係。

更進一步地說，「重視自己」也非常重要。

因爲自己是家庭的核心，使家庭與公司結合的也是自己。如果在精神或肉體上不重視自己，公司和家庭都不可能健全。在這種狀態下，家庭絕不會圓滿，公司也不會成功。

如果這就是你目前面臨的情況，請從現在起立即愛自己、疼惜自己。先單純地向你本身的資訊說荷歐波諾波諾的四句話——「對不起」「請原諒我」「謝謝你」「我愛你」。

其次，進一步結合自己與內在的潛意識，加深自己與家庭、公司的關係。與潛意識結合的第一步，就是實踐我在這裡所說的，不論精神或肉體上都愛惜自己。在精神上愛自己，並非單純地疼愛，還包括了做自己眞正想做的事，不欺騙，說眞話。

寫到這裡，或許有人會問：「不想去公司時也可以蹺班嗎？」不過這與「重視自己」不同。違背自己的良心或本性，就不是愛自己的行為。內心覺得「不好」的事，之後必定會回到自己身上。

本來，人類單是愛惜自己，就具有生存下去的價值。

不論在任何立場、任何時代、任何場所，若能愛自己，充實自己，對宇宙就有很大的貢獻。

如此一來，我們就常常會將自己擺在其次，先照顧他人。

確實地愛自己、重視自己，才能發揮「百分之百的責任」。而發揮「百分之百的責任」，才能肩負起自己在家庭和公司裡的責任。

這正是新時代「使公司成功的祕訣」，也是時代的質變。

自己內心的平靜能使家庭平靜、公司平靜；自己的成功也能使家庭生活成功，並帶領公司成功。

使公司成功的祕訣非常簡單，任何人都能立即實踐。

那就是先要愛自己、疼惜自己，然後重視家庭。

體驗談⑤

達成困難的不動產交易

IZI LLC社長　卡麥里勞莉依．拉法葉羅威曲（Kamailelauli'I）

我從大約十九歲時開始以荷歐波諾波諾作為生活的中心，而且非常幸運的是，我見到了莫兒娜．納拉瑪庫．西蒙那女士，並直接接受她的指導。

我有許多經驗想與大家分享，不過本書以商業為主題，因此我想聊聊最近發生的事——採用荷歐波諾波諾的方法成功完成不動產交易。透過這次的經驗，希望大家能體會到荷歐波諾波諾有無限多的實踐方式，而且非常容易實行。

數年前，我在夏威夷取得不動產交易與仲介的證照。有一天，我在辦公室接到一通電話，是某位長年實踐荷歐波諾波諾的女士打來的。

「我打算買一間房子。在清理（意味著她在實踐荷歐波諾波諾法）之後，我感覺現在是適合的時機。我彷彿看到一間附有庭院的住宅，院子裡種著樹和花，而且由我親自整理庭院。不過，我不知道如何才能實現，你能幫助我嗎？」

我回答：「當然。」並告訴這位委託人：「讓我們一起來清理吧！」

我們多次討論如何在夏威夷取得不動產，而且看了不少房子。有一天她打電話來說：「我想我已經找到了理想的地點。我在清理之後，湧現了『就是這裡』的靈感。」

於是，我打電話給負責處理那棟房子的業者。結果對方回答說，那房子已經被第三者預訂了。我向委託人回報詢問的結果，她雖然有些失望，但仍重複地說：「我將繼續清理，看看會不會有什麼變化。」

幾個星期後，那位業者來電表示，我的委託人中意的房子又可以買賣了。我立即製作合約書，並開始調整完成交易的必要條件。我的委託人不斷表示：「不知道能不能成功，但我會持續清理。」

在辦手續的過程中，我也聽了不少此交易相關人士的意見。首先，一家著名的不動產仲介業者認為：「這是絕對值得購買的房子。」某融資業者則向我的委託人表示：「我們真的希望妳能擁有這間房子，也會全力協助妳調度資金，因為我們也可以感覺到妳在這間房子裡能過得非常安穩。」一家保險公司的話更令人難以置信：「妳絕對應該買下這棟房子。很遺憾我們無法為妳保險，但我們可以介紹其他保險公司給妳。」

在整個過程中，我們一直持續清理。委託人和我並非為了交易順利而實踐荷歐波諾波諾，而是希望能產生最正確且適合的結果。由於我們學習並實踐荷歐波諾波諾，因此了解到自己的工作都是在清理。我們進行清理，讓事態順其自然發展，最後產生完美而正確的結果。我們所做的只是清理而已。

至交易完成為止的數個月中間，碰到各個相關業者，大家異口同聲地告訴我的委託人：「妳絕對應該擁有它。為了使交易成功，我們會盡一切可能幫助妳。」

雖然如此，還是遭遇了一些不動產交易上常發生的問題。不過即使發生問題，前景看起來不樂觀，我們還是持續清理。這時，清理並非期待取得土地和房屋，而是單純地清理應該清理的事情。

我曾問自己：「透過這次的經驗，我們應該清理什麼？」我的委託人始終忠誠地清理潛意識和意識。也就是說，進行清理，然後將一切交給神性。她內心有時也會出現糾葛、焦躁、憤怒，甚至想放棄買房子的計畫。但沒有多久，她又抑制情緒，重新清理，並消除期待的念頭。對她、對這棟房屋、對所有相關的事物進行清理，然後交給神性——她決定任由正確而完美的事發生。

最後，她終於買下附有美麗農地的房子。遷往新居之後，她也持續清理。漸漸的，她開始向意識請求，以將清理時內心浮現的狀況引進自己的意識之中，並向土地、房屋、動物、地球，以及所有的事物說：「我愛你。對不起。請原諒我。」

荷歐波諾波諾的真髓就是清理。

我們並不是購買土地或房屋，而是透過購買土地和房屋的行為來進行清理。而清理之後，我們任由事情發展，不論成功與否都不在意。結果如何，不得而知。

這裡與大家分享的是成功買到自己夢想之外的例子。我們認為這個案例是成功的，但是如果沒有進行清理，我們一定只會將自己的命運交給腦子裡不斷重複的記憶與經驗。我們在購買這棟房屋時，如果沒有實踐荷歐波諾波諾，可能會陷入悔不當初，或買到錯誤物件的困境。

I'm sorry.

荷歐波諾波諾為我們帶來依循宇宙法則，而產生的原因和結果。我們從自己的生命創造之初到現在，一直製造、累積和接受否定的記憶。如果有這樣的感覺，可以利用荷歐波諾波諾來清理這些否定的記憶。

非常感謝有機會與大家分享將荷歐波諾波諾引進商業的體驗。在此，向閱讀本書的讀者、印了本文的紙張、登載本文的網頁、印刷公司、編輯、相關業者，以及各公司的所在地、員工、客戶和所有消費者，藉著清理表示衷心的感謝。

平靜！

衷心感謝

第六章

事業職場問題Q&A

本章將針對如何在職場中實踐荷歐波諾波諾，解答大家的疑問。

解決問題的基本方法是先問自己：「到底是自己潛意識中的哪些資訊引起某某問題？」然後在心裡默念荷歐波諾波諾的四句話，來進行清理。

請注意，清理之後浮現的不安、恐懼、放棄等負面思考，也務必清理掉。

資訊是由感情、思考等各種事物層層相疊而成，有時會因爲清理了某一層資訊，而出現另一層。因此，希望大家不要只清理一次，就覺得「沒什麼改變」或「沒有效果」而放棄。不單單是資訊，產生感情或思想時，也要加以清理。這是本章的重點。

Q 職場中有「怪異的人」該怎麼辦？

A 請刪去「怪異的人」這樣的資訊。

這是你潛意識中的資訊（過去的記憶）重播所致。換言之，就是你潛意識中關於「怪異的人或事」的資訊被重新播放。

要解決這個問題，必須刪除你潛意識中有關「怪異的人或事」的資訊。

具體的作法是先問自己：「到底是我潛意識中的哪些資訊使這個人做出怪異的事情？」然後針對這個部分，在心裡默念荷歐波諾波諾的四句話「對不起」「請原諒我」「謝謝你」「我愛你」，並將它刪除。不要把事情想得太困難，就像取出播放中的CD一樣，只要按下退出鍵即可。

另外，你也可以在心裡想著刪除記號「X」（詳情請參照附錄I，第187頁），取代荷歐波諾波諾的四句話。

Q 如何才能達成目標？

A 若將它刪除，或許能達成遠超出目標的成績。

首先，不能為了達成目標而實踐荷歐波諾波諾。

不過經過清理之後，或許能得到超出目標五、六倍的結果也不一定。

不妨先試著「消除對於目標的壓力」，刪除你潛意識中認為「達成目標非常困難」的資訊（過去的記憶）。

具體的作法是反問自己：「到底是我潛意識中的哪些資訊使得達成目標變得困難？」然後在心裡對這部分默念「對不起」「請原諒我」「謝謝你」「我愛

你」四句話，並將它刪除。

也可以使用記號「X」取代荷歐波諾波諾的四句話，來將它刪除。

Q 工作欲望低落時怎麼辦？

A 請刪除「工作欲望下降」的記憶。

這是你潛意識中的資訊（過去的記憶）重播所致。換言之，就是你認爲「工作欲望正在下降」的資訊被重新播放。

要解決這個問題，必須刪除你潛意識中「工作欲望正在下降」的資訊。

具體的作法是先問自己：「到底是我潛意識中的哪些資訊導致工作欲望低落？」然後在心裡對這部分默念荷歐波諾波諾的四句話「對不起」「請原諒我」「謝謝你」「我愛你」，並將它刪除。

所有事情都起因於資訊，都是因爲不必要的資訊重播所致，因此只要刪除「工作欲望正在下降」的資訊即可，或是刪除「非提高工作欲望不可」的資訊也是一個方法。

另外，也可以用刪除記號「X」來取代荷歐波諾波諾的四句話。

相反的，假設有屬下告訴你：「今天情緒不佳，完全沒有工作欲望。」這時你可以向他說：「謝謝。」並且進行清理，將對方「工作欲望低落」的想法漸漸消除。

具體的作法是先問自己：「到底是我潛意識中的哪些資訊使屬下的工作欲望低落？」然後在心裡對這部分默念荷歐波諾波諾的四句話「對不起」「請原諒我」「謝謝你」「我愛你」，並將它刪除。

透過清理你自己的潛意識，或許你的屬下在走出你辦公室時就能恢復活力。

Q 該怎麼做，我的業績才能成為公司第一？

A 請消除「不能成為第一的理由」。

我要反過來問大家：「爲什麼你沒有成爲公司第一？」大概會有各種不同的答案，例如「沒有能力」「時間不夠」「技術不足」「有強力的競爭對手」「沒有人脈」「不受上司器重」等。

這些理由全都是你的資訊（過去的記憶），一切不過是記憶的重播而已。

如前面所述，資訊只有兩種，亦即靈感與潛意識的記憶。之所以會出現問題，都是因爲這些資訊所引起的。

其實你可以將這些資訊刪除，這樣的話，你就會打消成爲第一的企圖。

然後一切都ＯＫ，因爲心情好轉，即可恢復活力，工作變成非常快樂的事。那麼工作當然一帆風順，或許很快就可以成爲第一。

Ｑ 如何增加收入？

Ａ 消除此想法，心情變得平靜，優先順序或許就會改變。

會有這個想法，是因爲你潛意識中的資訊（過去的記憶）重播所致。換言之，就是你潛意識中「希望增加收入（我認爲收入太少）」的資訊被重新播放。

具體的作法是先問自己：「到底是我潛意識中的哪些資訊使自己希望收入增加（或認爲自己收入太少）？」然後在心裡對此部分默念荷歐波諾波諾的四句話，並將它刪除。

也可以在心裡想著刪除記號「Ｘ」，來取代荷歐波諾波諾的四句話，以成爲零的狀態。

歸零之後，一切都能順利進行，並確實得到適合自己的成果。這時，優先順序可能改變，金錢不再放在首位。也就是說，自己的內心變得平靜；而如果內在感到平靜，所有的事情都能得心應手。

Q妻子無法理解我的工作……

A 請刪除「妻子無法理解我的工作」的資訊。

這是你潛意識中的資訊（過去的記憶）重播所致。換言之，就是你認爲「妻子無法理解我的工作」的資訊被重新播放。

要解決這個問題，必須刪除你潛意識中認爲「妻子無法理解我的工作」的資訊。

具體的作法是先問自己：「到底是我潛意識中的哪些資訊使妻子無法理解我的工作？」然後在心裡對此部分默念荷歐波諾波諾的四句話「對不起」「請原諒我」「謝謝你」「我愛你」，以將它刪除。

這是針對他人的問題，務必記住的是，並非妻子（他人）有這樣的體驗，而是自己內在的資訊讓妻子（他人）這樣想。另外，對他人的期待（這裡指的是「期待妻子理解我的工作」）最好也清理掉。

I'm sorry.

Q 希望出人頭地……

A 首先消除此想法，然後觀察結果。

要出人頭地有各種方法，一味埋頭苦幹，未必有用。

你每天持續刪除資訊（過去的記憶），成爲靈光顯現的零的狀態，也就是恢復「原來的我」的狀態，自己的心裡就能協調、平靜。

當你達到這樣的狀態後，不論發生任何事，都能保持平靜的心情。

宇宙中，處於這種零的狀態，亦即開悟狀態的人，能具備自然向上的意圖來行動。

因此，現在的公司如果適合你，你自然能獲得合適的地位；如果不適合，你必然會被其他公司挖角，最後就能「出人頭地」。

Q 待業中如何才能找到好工作？

A 不是為了待遇，而是為了成為自己而清理。

這是因爲你潛意識中的資訊（過去的記憶）重播。換言之，就是你潛意識中

「找不到好工作」的資訊被重新播放。

具體的作法是先問自己：「到底是我潛意識中的哪些資訊使自己找不到好工作？」然後在心裡對此部分默念荷歐波諾波諾的四句話「對不起」「請原諒我」「謝謝你」「我愛你」，以將它刪除。

不過，我建議大家不要爲了找到好的職業或待遇優渥的工作，而是應該爲了找到適合自己的工作而清理。

Q 如何找到令人充滿幹勁的工作？

A 請刪除「找不到充滿幹勁的工作」的資訊。

這是你潛意識中的資訊（過去的記憶）重播所致。換言之，就是你潛意識中「找不到充滿幹勁的工作」的資訊被重新播放。

要解決這個問題，就必須刪除你潛意識中那樣的資訊。

具體的作法是先問自己：「到底是我潛意識中的哪些資訊使自己找不到充滿幹勁的工作？」然後在心裡對此部分默念荷歐波諾波諾的四句話「對不起」「請原諒我」「謝謝你」「我愛你」，以將它刪除。

成爲零的狀態後，適合自己的工作，亦即充滿幹勁的工作就會出現。拋開這個也想、那個也要的欲望，就能得到一切。

Q 忙得沒有時間……

A 成為零的狀態，就會有寬裕的時間。

清理自己，成爲零的狀態。

若能到達零的狀態，就能調整出最適合的環境，獲得寬裕的時間，甚至會有多餘的時間。

以上是針對「忙碌」所做的基本答覆，另外也有其他解決方法，就是刪除你潛意識中「忙得沒有時間」的資訊（過去的記憶）。

具體的作法是先問自己：「到底是潛意識中的哪些資訊使自己忙得沒有時間？」然後在心裡對此部分默念荷歐波諾波諾的四句話「對不起」「請原諒我」「謝謝你」「我愛你」，以將它刪除。

另外，也可以用記號「X」來取代荷歐波諾波諾的四句話，將資訊刪除。

Q 無法順利召募到人才……

A 請刪除「召募不到人才」的資訊。

這是因爲你潛意識中「召募不到人才」的資訊被重新播放。

要解決這個問題，就必須刪除你潛意識中「召募不到人才」的資訊。

具體的方法是先問自己：「到底是潛意識中的哪些資訊使自己召募不到人才？」然後在心裡對此部分默念荷歐波諾波諾的四句話「對不起」「請原諒我」「謝謝你」「我愛你」，以將它刪除。

由於是你記憶的重播，因此請使用記號「X」，將此資訊刪除。

這樣的話，相信適合的人才就會出現。

Q 周遭的同事沒有人情味，讓人心情苦悶……

A 請刪除此資訊，從痛苦中解放出來。

這是你潛意識中的資訊（過去的記憶）重播所致。換言之，就是你潛意識中「同事沒有人情味」的資訊被重新播放。

要解決這個問題，就必須刪除你潛意識中「同事沒有人情味」的資訊。

具體的作法是先問自己：「到底是我潛意識中的哪些資訊使周遭同事沒有人情味？」然後在心裡對此部分默念荷歐波諾波諾的四句話「對不起」「請原諒我」「謝謝你」「我愛你」，以將它刪除。

這是一種「痛苦」，請使用刪除記號「X」將它消除，就可以從「痛苦」中解放出來。

Q 資金調度不順……

A 請刪除資金調度的嚴重性。

宇宙是由資訊構成的。

當某一部分停滯，資訊的流動就會受阻，因此，只要刪除阻礙資訊流動的原因和問題即可。

公司也是由資訊構成的。處於開悟狀態，或是有盈利的公司，都可以看到光。相反的，搖搖欲墜的公司則無法照射到光。

遮蔽光的正是資訊。

對於「資金調度不順」，經營者都很清楚真正應該怎麼做。但是，「資金調度不順」的「嚴重性」使人忘了該怎麼做。因此，首先必須從清理它的「嚴重性」開始。

例如若能再籌到一千萬日圓就可度過難關，這時，首先必須清理「再籌到一千萬日圓」想法中的「嚴重性」。

清理完「嚴重性」之後，再進入主題「資金調度的問題」。

「資金調度不順」的主要原因，是潛意識中的資訊被重播所致。換言之，是你潛意識中「資金調度不順」的資訊被重新播放。

因此要解決這個問題，就必須刪除經營者潛意識中「資金調度不順」的資訊。

具體的作法是先問自己：「到底是潛意識中的哪些資訊使資金調度不順？」然後在心裡對此部分默念荷歐波諾波諾的四句話「對不起」「請原諒我」「謝謝你」「我愛你」，以將它刪除。

另外，也可以用記號「X」來取代荷歐波諾波諾的四句話，將資訊刪除。

Q 員工的表現不如預期……

A 請刪除你的批判。

這是你潛意識中「員工表現不如預期」的資訊被重新播放所致。

具體的作法是先問自己：「到底是潛意識中的哪些資訊使員工表現不如預期？」然後在心裡對此部分默念荷歐波諾波諾的四句話「對不起」「請原諒我」「謝謝你」「我愛你」，以將它刪除。

這是你的批判所引起的想法，亦即「員工表現不如預期」的資訊阻斷了靈光。

因此，你必須清理自己，而不要企圖控制員工。這樣的話，相信員工就能自由運作，發揮更高的能力。

另外，也可以用記號「X」來刪除。

Q 客戶提出無理要求……

A 請刪除「無理要求」的資訊。

這是你潛意識中的資訊（過去的記憶）重播所致。換言之，就是你潛意識中「客戶提出無理要求」的資訊被重新播放。

要解決這個問題，就必須刪除你潛意識中「客戶提出無理要求」的資訊。

具體的作法是先問自己：「到底是我潛意識中的哪些資訊使客戶提出無理要求？」然後在心裡對此部分默念荷歐波諾波諾的四句話「對不起」「請原諒我」「謝謝你」「我愛你」，以將它刪除。

因此，這不是客戶的問題，而是你本身的問題。將它刪除後，客戶就不會再提出無理要求。

另外，也可以用記號「X」來刪除。

Q 無法培育出人才，而且員工很快就辭職……

A 請刪除有關人才的資訊。

這是你潛意識中的資訊（過去的記憶）重播所致。換言之，就是你潛意識中「無法培育人才，而且員工很快就辭職」的資訊被重新播放。

要解決這個問題，就必須刪除你潛意識中「無法培育人才，而且員工很快就辭職」的資訊。

具體的作法是先問自己：「到底是潛意識中的哪些資訊導致無法培育出人

才，而且員工很快就辭職？」然後在心裡對此部分默念荷歐波諾波諾的四句話「對不起」「請原諒我」「謝謝你」「我愛你」，以將它刪除。

只要持續刪除「無法培育出人才」的資訊，員工中就會出現優秀的人才。

另外，也可以用記號「X」來刪除。

Q 為了業績衰退而煩惱……

A 請刪除「業績衰退」的資訊。

這是因爲你潛意識中的資訊（過去的記憶）重播。換言之，就是你潛意識中「業績衰退」的資訊被重新播放。

要解決這個問題，就必須刪除你潛意識中「業績衰退」的資訊。

具體的作法是先問自己：「到底是我潛意識中的哪些資訊導致業績衰退？」然後在心裡對此部分默念荷歐波諾波諾的四句話「對不起」「請原諒我」「謝謝你」「我愛你」，以將它刪除。

因爲是你內在的「業績衰退」的記憶重新播放，因此必須將此資訊刪除。

另外，也可以用記號「X」來刪除。

Q 如何才能防止糾紛？

A 經常清理就不會發生糾紛。

你如果經常清理自己，就不會發生糾紛。除了糾紛之外，清理還可以預防各種事件。若持續這樣做，即使是糾紛，看起來也不像糾紛，而是值得感謝的建議。

這是針對「糾紛」的基本答覆，另外還有其他解決方法。那就是刪除你潛意識中「發生糾紛」的資訊（過去的記憶）。具體的作法是先問自己：「到底是我潛意識中的哪些資訊造成糾紛？」然後在心裡對此部分默念荷歐波諾波諾的四句話「對不起」「請原諒我」「謝謝你」「我愛你」，以將它刪除。

Q 如何才能戰勝同業？

A 保持平靜，就能獲勝。

這是你潛意識中的資訊（過去的記憶）重播所致。換言之，就是你潛意識中

「人生就是競爭，非勝即敗」的資訊被重新播放。

要解決這個問題，就必須刪除你潛意識中「人生就是競爭，非勝即敗」的資訊。

在心裡對此部分默念荷歐波諾波諾的四句話「對不起」「請原諒我」「謝謝你」「我愛你」，以將它刪除。

你若處於光能照射到的零的狀態，亦即恢復本來的自我，就不會有競爭對手。因爲，只有自己而已。

恢復本來的自我，保持平靜，就不會有競爭、摩擦、爭奪。重點是，只會出現所有人都勝利的狀態，而沒有失敗的人。也就是說，荷歐波諾波諾的商業乃是「Win-Win」（雙贏）的關係。

Q 對公司的未來感到不安，覺得整個業界沒有前途……

A 請刪除有關公司與業界前途的資訊。

這是你潛意識中的資訊（過去的記憶）重播所致。換言之，就是你內心「對公司的未來感到不安，覺得整個業界沒有前途」的資訊被重新播放。

要解決這個問題，就必須刪除你潛意識中「對公司的未來感到不安，覺得整個業界沒有前途」的資訊。

具體的作法是先問自己：「到底是潛意識中的哪些資訊讓我對公司的未來感到不安？」然後在心裡對此部分默念荷歐波諾波諾的四句話「對不起」「請原諒我」「謝謝你」「我愛你」，以將它刪除。

另外，也可以用記號「X」來取代荷歐波諾波諾的四句話，將資訊刪除。

體驗談⑥

大幅提升靈性治療能力

Abundantia株式會社董事長　森惠

我是一名開業十五年的靈性治療師。

從小時候起，我就有很強的感受力，看到臉上帶著笑容，心裡卻在生氣的人，立即能感覺到他們隱藏著情緒，或為他們感到痛苦。後來，這種能力愈來愈強，而且還能夠指導別人。可是我不但無法接受這種能力，更因為與眾不同而覺得十分孤獨。

十五年前，我成為一個有兩歲小孩的單親媽媽，在生活束手無策之際，我決定將這種能力應用在幫助別人上。

之後，我開始為委託者進行靈性治療或精神照護，盡全力從事這項人生的使命。

下定決心後，我的能力大幅擴展，從宇宙獲得通靈與療癒的能力，但同時，我的身體也成為「人間清理裝置」般的工具，會自動幫場所或人進行清理，導致身體容易疲勞，而令我相當苦惱。

於是，就這麼陷入了兩難的困境。我希望多做一些事，但身體卻不聽使喚。甚至有一段時間，每當工作忙碌時，我的身體狀態就會因為恐懼而惡化。

我不喜歡向別人借東西，因此養成任何物品都自己擁有的習慣。

二〇〇八年十月，我參加了首次在日本舉辦的荷歐波諾波諾商業講座，看到修・藍博士向會場和椅子說話的模樣，並想起人經常使用的物品中都住著精靈的故事。於是，我也開始向物品說話。

說完話後，可以感覺到房屋和家具向我回應，幫助我清理了任何物品都要自己擁有的習慣。

而且，我認真默念荷歐波諾波諾的四句話後，感覺得到了感謝、謙虛、宇宙的支持，身體變得異常輕快。不僅身體，心靈也變得輕快，原有的煩惱都消失了。

藉由這種體驗，我相信自己能獲得最適合的工作和收入，走上最適合的人生道路。

過去我與平良貝提（荷歐波諾波諾的亞洲代表）談話時，她告訴我：「實踐荷歐波諾波諾之後，所需要的東西都會自動朝你而來。」現在，同樣的現象就發生在我的工作和人生中。

不用我費力找尋，工作或事業伙伴都自動出現。

我將自己難得的體驗應用在工作上，為委託者清理時，發現問題、使委託者找回適合自己人生的時間大幅縮短。

與委託者接觸，也可以清理我自己。我很感謝獲得了許多這樣的機會。

我將長期以來他人的療癒與自己本身的療癒互相對照，找到了真正的核心，我相信那就是荷歐波諾波諾。

謝謝你。我愛你。

第七章

荷歐波諾波諾的療癒力

幸福存在零的狀態中

我認爲「幸福」是存在零的狀態，亦即開悟的狀態中。因爲，零是沒有任何執著的自由狀態。所謂沒有執著，表示沒有「欲望」，也沒有佛陀所說的痛苦與煩惱。因此，沒有執著也代表著「沒有任何想法」。

沒有任何資訊的地方是完美的。因爲是零的狀態，所以能夠讓靈光顯現。

就某方面來看，我們所追求的，其實是人類原本就擁有的自由，也就是所謂的「幸福」。當然，幸福的意義因人而異。對某些人而言，或許唱歌就是幸福；但是對另一些人而言，唱歌只會讓他們感到痛苦。

不過，在到達幸福之前必經的就是自由。不打開自由之門，是無法到達幸福的。

我持續進行清理的原因，就是想要自由，想生活在沒有恐懼的地方。如果不清理，我們就會被資訊干擾，不再是原來的自己。

我們誕生的時候，是沒有恐懼的。與宇宙所有的生命體一樣，我們被創造出來時是完美的，因此沒有必要改變，也沒有必要與別人比較。

但不知何時，我們完全忘記了人類的本質，成爲不完全的生物，終日感到「恐懼」「擔心」「不安」。

爲什麼會變成這樣？

很簡單，並非因爲我們是不完全的生物，而是因爲已經被資訊洗腦。換言之，是「恐懼」「擔心」「不安」等資訊被重新播放。

沒有必要再恐懼、擔心、不安，我們只是被資訊洗腦，只要回到人類原本所在的地方，亦即恢復零的狀態即可；也沒有必要和任何人比較，我們已經是完美的，具備了「神性」。

確實如此。我們誕生於沒有恐懼的狀態，光未被遮蔽，處於靈光顯現的狀態中。

但是如果受到資訊干擾，我們不再是原來的自己。引起問題的是資訊，荷歐波諾波諾只是提供我們清除資訊的方法。

而我們自由後，家人也能自由，工作、社會、世界都能自由。

這一切都從正在閱讀這本書的你開始。

沒有必要再追求「幸福」，因爲你已經是「自由」的。也就是說，你已經是「幸福」的了。

在零的狀態下，靈光經常可以顯現。不需要擔心，也不需要恐懼，因爲你是自由的。

引導我們走向這種狀態的，就是荷歐波諾波諾。

人生的目的是自由，也就是清理

我們生存的目的是什麼？

爲了「事業成功」？爲了「追求幸福」？還是爲了「完成使命」？

我認爲人生在世的目的乃是恢復「自由」。

所謂自由，是不執著於任何事情，放掉一切欲望，也可說是開悟（零）的狀態。更進一步說，人生不單是爲了未來「能夠自由」，而是爲了「從過去以來就能自由」而生存。

那麼，「過去」是什麼呢？就是使經常重播的資訊（過去的記憶）復甦。

以「房屋貸款」來比喻，人生就像是「償還靈魂的債」。因為「房屋貸款」（Mortgage loan）一詞中的「mort」意味著「死亡」，換言之，就是已死的資訊被重新播放。

而荷歐波諾波諾正是要清除自己靈魂中已死亡的資訊。

若不清除靈魂中已死亡的資訊，自己的靈魂就會在宇宙中成為拍賣商品，最後死亡。死亡就是未確實償還靈魂債的代價，事實上，我們已經以死亡作為未償還靈魂債的代價。

我非常喜愛清理，因為這樣最終可以回到父親（亦即神）的家。

如果不確實償還借款，就無法到達父親的家。償還靈魂債的方式就是清理，未償還負債，就會污染靈魂，帶著債務而死亡。

因此，我將人生比喻為商業，要生存就必須確實償還靈魂的債。這樣才能放下人生的一切，成為開悟（零）的狀態，達到「自由」的境界。從不斷重播的過去記憶中解放出來，就能在今天而非過去的世上生存。

原本，我一直很希望能夠在家中悠閒度日。但是，自從接觸了荷歐波諾波諾之後，現在的我，除了持續清理之外，更經常巡迴世界各地演講。我想，這就是我被賦予的使命。

事實上，每次我所造訪的地方和接觸的人，都是讓我清理潛意識的絕佳機會。

由此來思考，我的人生只有兩個目的可以選擇：

清理？

或是不清理？

也就是在不逃避人生的原則下，基於「百分之百是自己的責任」，持續進行清理；抑或不清理，走上受資訊支配的人生，從這兩條道路中選擇其一。

這不光是我一個人的選擇，同時也是所有閱讀此書的讀者的選擇。

清理？

或是不清理？

對我而言，我只是到該去的地方進行清理而已，沒有任何理由，單純爲了清理而存在。進行清理，下一扇人生之門自然打開，該發生的事情便會自然發生。然後，又來到下一扇門前。清理？或是不清理？人生不斷重複著這兩種選擇。

神性賦予的重要使命

我認爲日本是非常重要的地方。

數年前，我原想多與歐洲接觸，卻突然從「神性」獲得「去日本」的指示，便立即改變方向，一年之中多次造訪日本。

我認爲，日本人如果不憤怒或怨恨，亦即刪除潛意識中造成這些情緒的部分資訊（過去的記憶），那麼自然能夠知道自己該做什麼。而且，我想日本人之中有人會肩負起「製造安全食物」的重要使命。

製造安全的食物必須從日本開始，但是不能以賺錢爲出發點。據我推測，這份工作將由義工或從事社會公益的人做起，因爲具備這種人格的人才能實現這份工作。

不過，人類受飢餓所苦的資訊正在世界蔓延，正因爲如此，現在仍有人飽受飢餓之苦。若沒有純粹的意志和自我清理的力量，就無法克服困難，培植出這種崇高的產業。

日本人被賦予的使命之一，就是「製造刪除一切資訊的食物」，而且他們也是唯一具備這種才能的民族。

但是，今天的日本人忙於製造汽車和電器產品，並沒有注意到這種才能（河合政實注：在訪問修．藍博士之時，誰也沒想到日本的汽車產業會陷入今天的困境）。日本人的基因中具備的是關於「食物」的才能，不過因爲他們未進行清理，因此尚未察覺到。

日本人如果開始清理，就會發明能自然進行清理的食物，並發展出相關產業。事實上，現在已經出現了對此有興趣的企業家。與食物有關的新產業展開後，需要建立運送這些食物的新流通網路，接著會開發出支援此流通網路的獨立電腦系統。這些食物若輸出至海外，更會產生與出口相關的新產業。

雖然製造新食物只是產業之一，但與此相關的新形態產業會逐漸向周邊擴大，相信對日本的社會和經濟都會帶來相當大的影響。

例如碰到糖尿病患者，只要向他說：「啊，糖尿病嗎？這就是能刪除糖尿病資訊的食物。」然後交給對方即可。無須再專程去看醫生，領取處方箋，請藥劑師配藥。

這是嶄新的商業，零極限的商業。

我認爲只有日本人能發揮這種功能。

不過，如果日本人不做，大概也會有其他國家的人去實現吧！這就像美式足球中，四分衛無法扮演好他的角色，就會被他人取代是一樣的道理。

現今的食品有各種問題，而我之所以頻繁訪問日本，就是因爲日本人雖然基因中具備了製造食品的才能，卻被資訊遮蔽，使光無法照射到，因此必須加以刪除和解放。

世界經濟危機的最佳解答

你認爲造成金融海嘯的原因是什麼？

我認爲是人們變得不負責任所造成的。

每個人都輕率地將責任推給別人，例如美國不好、政府不對、業界有問題、公司經營不當等，但卻沒有人認爲是自己的責任。

如果不刪除目前蔓延全世界的「賺錢是人生的目標」「總有人會負責」等資訊（過去的記憶），世界經濟危機恐怕無法解決，甚至還會更加嚴重，因爲就連世界上最傑出的經營者，都不知道問題出在哪裡。

只有荷歐波諾波諾可以改變世界經濟，讓前所未見的大蕭條畫下句點。

但是，應該怎樣做呢？

荷歐波諾波諾主張「發生的所有事情百分之百是自己的責任」，或許很難讓人立即相信，但即使只有一個人對於金融海嘯的問題採取「百分之百是自己責任」的想法，都可能解救世界經濟危機。

而我就是使用下面的方法，讓世界經濟產生質變。

首先，清理「賺錢是人生的目標」「總有人會負責」等資訊。

這些是世界上許多商人共有的資訊，將這些資訊從自己的潛意識中刪除時，商人共有的資訊也一起消失。

其次，問自己：「現在的經濟危機是我潛意識中的哪些資訊引起的？」然後將它們刪除。這些也是世界上許多商人共有的資訊，將此資訊從自己的潛意識中刪除時，商人共有的資訊也一起消失。

這是挽救世界經濟的簡單方法，從荷歐波諾波諾的角度來看，世界經濟危機其實與你家的垃圾問題是一樣的，只要一個人認眞地宣稱「負起百分之百的責任」就可以解決。

這是個難得的機會，我打算以此爲契機，提出讓世界上所有不負責任的態度產生一百八十度轉變的作法，那就是「自己負起百分之百的責任」。即使是本身以外的問題，也能夠負起責任，努力解決。如此一來，就可以將潛意識中與別人相關的資訊一併刪除，然後再將這樣的想法擴及全世界，即可有效解決經濟危機。

零極限的商業若能普及，相信能使世界經濟發生質變。

我認爲這是對目前世界經濟危機的最佳解答。

零極限式商人

商人須具備各種要素，例如「領導統御能力」「決策力」「交涉力」「實行力」等，還有「協調性」也很重要。

由荷歐波諾波諾的觀點來看商人，又應該是什麼樣的呢？

我認爲是「沒有恐懼的人」「自由的人」「負責任的人」，而且我確信這三個要素是未來的商人必備的。

「沒有恐懼的人」並非指任何事情都敢挑戰，或是毫無畏懼、勇往直前的人，而是意味著「冷靜並能彈性處理事情的人」。要成爲這樣的人，必須將自己潛意識中不論負面或正面的資訊（過去的記憶）都刪除。

「自由的人」並非指任性或行動自如的人，而是意味著「不執著於任何事物，一切都可放下的人」，也是指刪除了「自己已經了解」的傲慢想法，在沒有對與錯的狀態下，能依靈感來行動的人。

「負責任的人」並非指有始有終或果斷的人，而是意味著「認爲世上發生的所有事情，根源都在自己，而且願負起百分之百責任的人」。不僅與自己有關的問題，而是對社會上發生的所有事情，都認爲自己有百分之百的責任。

具備這三個要素的人，共通點是「透明度高」。

所謂透明度高，是指清晰且能充分發揮精力的狀態。處於這樣的狀態，不僅能將刪除了資訊的知識當作智慧，還能爲了達成目的而做最適當的判斷。簡單地說，就是處於零的狀態。

相反的，透明度不高的人，就無法成爲「沒有恐懼」「自由」「負責任」的人。

因此，透明度高的人即使將被公司解雇，或是已遭公司解雇，也能坦然接受：「啊，原來我不應該待在這裡。」

在今後愈來愈混沌的時代中，透明度高低將成爲人生成功與否的關鍵。

那麼，如何才能成爲零極限式的商人呢？

雖然說是「沒有恐懼的人」，但實際上，「完全沒有恐懼」是不太可能的。宇宙並不存在「中間地帶」，只有「天堂與地獄」「白與黑」「表與裡」。

荷歐波諾波諾可說是「爲宇宙調音」。

舉例來說，我會彈奏夏威夷小吉他（尤克里里琴），不過由於沒辦法將它帶上飛機，所以只有在美國舉辦講座時（因爲是國內線），才能帶著它到各地演講。我會在講座進行中演奏，不過有時琴弦的音不對，就必須調音。這種調音的動作，就是荷歐波諾波諾的清理。

不僅在未來，我從過去就一直在追求成爲「沒有恐懼」「自由」「負責任」的人。我不是從經濟學的角度，而是從夏威夷傳統的問題解決法荷歐波諾波諾中，認識到它的重要性，同時這也是劃時代的想法。

我可以感覺到嶄新的時代已經來臨。

只有持續清理，才能具備「透明度」，成爲「沒有恐懼」「自由」「負責任」的人。

體驗談⑦

清理自己，使丈夫的癌症痊癒

林瑛蘭（Lim,Young Ran）

我原本是一名韓國的心理學博士和臨床心理學者，結婚前在醫院的精神科從事臨床工作，與病患接觸，同時在大學和研究所教授心理學。二〇〇一年，我與現在的丈夫結婚，由於丈夫在日本經商，所以婚後我就辭去工作，移居到日本。

來到日本後，我從事自我啓發課程的工作，最近又開始推廣印度的靜心，持續關心靈性成長。同時，還負責丈夫公司的財務工作。

二〇〇八年九月中旬，韓國友人送我一本書——喬・維泰利博士與修・藍博士合著的《零極限》。我深深被這本書吸引。在一次聚會中，我提到這本書的內容，有一位參加者告訴我，修・藍博士即將在日本舉辦講座。

我聽了非常高興，立即上網搜尋，並報名參加十月十二、十三日兩天在日本舉辦的講座。光是能夠見到修・藍博士，就有一種特別的感覺，令我興奮不已。

其實，當時我也碰到一個非常急迫的狀況，與丈夫的健康有關。

四十出頭的丈夫最近開始注意身體健康，並接受了腦部的基本檢查。他被告知頸部有異狀，最好接受更精密的檢查。十月一日，醫院來電告知他罹患了脊椎癌。我聽到這個消息的一瞬間，眼前一片黑暗。

丈夫身體相當健康，並沒有出現任何症狀，因此很難接受這個事實。我無法相信，也不願相信這樣的結果，之後幾天，我不知該怎麼辦，終日以淚洗面，丈夫看到我的樣子也覺得難過。後來，我認為不能一直這樣下去，於是整理心情，讓自己堅強起來。

很高興過去在學校和自我啓發課程中學到的方法，給了我很大的幫助。荷歐波諾波諾就是其中之一。

雖然只閱讀了一本書，但已足夠。因為這是非常簡單的方法，不論發生什麼事，只要對內在產生的感情或思想說「對不起」「請原諒我」「謝謝你」「我愛你」即可。

我完全無法預料是否有效果，但在別無他法的狀況下，每天二十四小時，不論醒著或睡著，我都持續默念這四句話。

這個方法最棒的是，在任何時間、任何地點都可實施，而且不可思議的，內心很快就能恢復平靜。像是在等車或搭車時、吃飯或工作時，甚至因恐懼而落淚時，說了這四句話，瞬間就有清理的感覺。

在為丈夫的健康煩心時，能與修・藍博士見面，我想他一定可以了解我的心情，就像上帝給我的啓示和「神性」送我的禮物一般。因此，我半強迫地逼著丈夫也報名，一起參加講座。

不過丈夫上了一天，覺得枯燥無趣，表示不想參加第二天的課程。失望的感覺讓我當天晚上難以入睡，第二天很早就到了會場。修・藍博士一早即抵達，並進行清理。前一天，因為人多而未能在眾人面前提出有關丈夫健康的問題，於是我趁著這個機會向修・藍博士請教。

我向他說，丈夫應該來卻沒有來，我不知道該怎麼辦。修・藍博士回答：「不是妳先生要清理，而是妳自己來清理。」並表示：「妳先生只是提供妳和在這裡的我們清理的機會而已。」

博士告訴我，愈擔心丈夫，反而會使丈夫的狀況更糟，因此最好將此記憶拋開。我說，不知道是我內在的什麼原因，使得丈夫經歷這樣的問題，博士回答我，這是當然的。

他說，每秒鐘有一千一百萬個位元的資訊在流動，而我們的意識能夠掌握的最多只有十五位元，這樣如何能夠知道原因何在。他建議我只要進行清理即可，對於心裡所想的「丈夫罹患脊椎癌」這件事，打上刪除記號「X」，然後說「Thank you」。

當天的課程中，博士提到很多關於癌症的話題，而且讓我與參加者一起清理。他說，癌症是我們體內忘記自己是誰、喪失自己功能的細胞所引起的疾病，也有參加者提到他本身的癌症經驗談。這位參加者也曾罹患癌症，他回憶生病時的自己，就像忘記自己是誰、忘記了自己角色的細胞。

課程結束後，雖然還有一些無法理解的部分，而且充滿不安與恐懼，但至少「只要持續清理即可」這句話已經深植在心中。

於是，我從早到晚進行清理，並大量飲用藍色太陽水。

結果，狀況出現了變化。講座結束的兩週之後，我赴醫院聽醫生說明丈夫的病情。原本已有心理準備，可能必須立即住院接受手術，但是，醫生的說明卻與當初在電話裡聽到的不同。

他表示，丈夫的狀況並不嚴重，使我懷疑起自己的耳朵。醫生更詳細地研究了檢查報告，並徵詢其他醫生的意見，最後判斷並不是癌症。未來只要定期檢查，如果沒有出現腫瘤明顯變化等症狀，無須進行手術或治療。

一瞬間，我彷彿從地獄到了天堂，在一片黑暗中見到了光，心裡充滿感激。這個變化或許是荷歐波諾波諾的清理效果，但是一時之間我還不太相信。過去我以為丈夫也必須進行清理，因此一直感到不安和擔心。現在我終於確信只要我負起百分之百的責任即可，而且從不安和擔心之中解放出來，這是最大的收穫。透過我本身的清理，成為零的狀態，對我周邊的人也有幫助，這種喜悅非言語所能形容。

現在，不必再期待別人或改變什麼，所有的事情完全由自己負起責任，比依靠別人要簡單、輕鬆得多。

具體而言，我不知道這是不是荷歐波諾波諾的清理帶來的結果，但愈參加課程，愈感覺到清理的重要和必要。

這時，我的人生又發生了一個重大問題，還是跟丈夫有關。

我好不容易放下了一塊心中大石，不料丈夫的行為卻突然出現變化。過去他一直陪伴我，是個忠於家庭、心地善良、做事十分負責任的人，不喝酒、不吸菸，對於一切我不喜歡的事情都會刻意避免。

可是，那陣子他卻開始晚歸，且常常不知去向，回家後睡不到幾小時，又匆匆起身外出。問他原因也不回答，甚至還經常覺得我不相信他而發怒。

在忍無可忍之下，我決定與丈夫面對面說清楚。這才發現，他雖然已不再擔心健康的問題，但這件事卻也讓他在現實生活中面對了不知何時會死亡的衝擊。過去一直壓抑、忍耐著的事情，在面對死亡現實的一瞬間，突然讓他覺得空虛。

在此狀況下，他所做的結論是：「做自己想做的事。」於是，他開始交際應酬、飲酒、賭博，以前想做但隱忍下來的情緒一下子爆發，讓他的行為遠超出過去的規範，而且到了無法自我控制的地步。

這時，如果我不知道荷歐波諾波諾的清理法，或許我們的婚姻將出現危機。

於是，我持續清理自己。對丈夫行為的批判、對丈夫不重視自己身體的掛念、與丈夫相處的時間減少、我內心寂寞記憶的重播等，成為主要的清理對象。

清理這些記憶，我並沒有期待能帶來什麼樣的結果。只是，如果不清理，內心產生的思緒與感情讓我相當痛苦，我只覺得清理的時間是快樂的。

或許是這樣的清理帶來的效果，我找回遺忘了很長一段時間，幾乎呈放棄狀態的自我世界。我又開始與結婚後沒有機會見面的朋友往來、外出旅行、在荷歐波諾波諾講座中擔任韓語翻譯等，並著手翻譯韓文手冊。

後來，荷歐波諾波諾決定在韓國舉辦講座，我也有幸參與。同時，在與丈夫的關係方面，我已經能夠給他自由，對他的任何行為都盡可能接受。我認為他只是行為改變，但仍像從前一樣關愛我，經常在我身旁守護我，於是感激之情油然而生。

在寫這篇體驗談時，又湧起許多必須清理的記憶，讓我更覺得清理無比重要。

數天前，我和丈夫一起搭車返家，他突然提起荷歐波諾波諾的事。「不久前，妳談到清理，我並沒有認真聽，而且認為那是奇怪的行為。但最近我也想嘗

I'm sorry.

試看看，我覺得和妳一起實行，可以讓人心情安定……」這段時間，我只是清理自己，並沒有像上次參加講座那樣，在背後半強迫地逼他，但是他竟然主動提起。

我曾向修・藍博士表示，如果在韓國舉辦講座，我希望能夠協助他，當時修・藍博士回答我的一句話令我印象深刻——「請幫助妳自己。」這句話的意思是我只要清理自己即可，亦即「自我清理」就是一切，而且所有的事情都可解決。在與丈夫的關係上，我也得到下面的領悟：

「最終，並非透過清理使他自由，而是我自己得到自由……」

感謝所有的人。

我的平靜。

藍色太陽水

藍色太陽水是「奇蹟的清理水」，只要喝下它，就能刪除潛意識中重播的資訊。

對風濕症、肌肉僵硬、疼痛、憂鬱等資訊的刪除都有效果。建議每天喝兩公升。除了作爲飲用水之外，還可以用在烹飪、入浴、洗頭、化妝水、洗滌、寵物飲水、澆花等。稀釋使用亦可。

上班時，將大約四分之三杯的藍色太陽水放在桌上，就可以自動幫助我們清理，使工作順利。另外，它也可以阻擋電腦的電磁波。

如果手邊沒有藍色太陽水，請在心裡想像喝藍色太陽水的情景。這與實際喝藍色太陽水有相同的效果。

藍色太陽水製作方法

①將普通自來水裝入藍色玻璃瓶，蓋上蓋子。不要使用金屬蓋子，用塑膠蓋子或以保鮮膜封住皆可。若沒有藍色玻璃瓶，也可以在透明瓶子外包上藍色玻璃紙來代替。

②照射陽光十五到六十分鐘。若沒有陽光，用白熱燈照射也有相同效果。

③製作成的藍色太陽水可以換裝至寶特瓶等其他容器。冷卻或加熱都ＯＫ，但最好盡快飲用完畢。

「冰藍」清理

「冰藍」是指冰河的顏色，它可以清理靈性的、心理的、物質的疼痛問題，以及有關殘忍虐待的記憶。

此外，它能抑制火山爆發，以及回溯過去，刪除因火山爆發而死亡的人或有關火山爆發的各種問題的資訊。

口中念著「冰藍」，同時觸摸植物，可以清理有關疼痛的資訊。想像著植物，在心裡默念「冰藍」，或是實際抓著植物皆可。

具有清理資訊效果的植物

黃色銀杏葉……………肝臟毒素的資訊
柿子葉……………………生殖系統疾病或婦女病的資訊
綠色楓葉…………………心臟或呼吸系統問題的資訊
粉紅白的百合、香水百合……與死亡有關的痛苦、苦惱、恐懼的資訊
酒瓶椰子…………………經濟或金錢問題的資訊

HA呼吸法

所謂「HA呼吸法」，就是吸取神性能量的呼吸法。

HA具有活化生命能量的作用。實踐這種喚起「生命」（呼吸的力量）的呼吸法，就可開始進行荷歐波諾波諾、靜心等。

HA呼吸法步驟

① 準備

1. 背脊挺直，坐在椅子上。
2. 兩腳腳底貼住地面。
3. 兩手拇指、食指、中指交叉呈8字形。
4. 手放在膝蓋上。
5. 用鼻子吸氣、呼氣。

② 第一步

吸氣（神聖的生命泉源），同時緩緩默數一到七，使細胞、組織、血管、肌肉、骨骼等體內所有的原子一個一個活化。

③ 第二步

1. 停止呼吸，心中默數一到七。
2. 減緩體內的化學反應和新陳代謝，使細胞重生，同時最重要的，是避免

「吸入」和「吐出」兩個力量交互「衝擊」來保護身體。

④第三步

1.用鼻子吐氣，心中默數一到七。

2.將體內的雜質、毒素、障礙等有害物質全部吐出。

⑤第四步

再度停止呼吸，心中默數一到七。

⑥重複

將②至⑤反覆做七次。

HA 呼吸法

① 背脊挺直坐在椅子上。

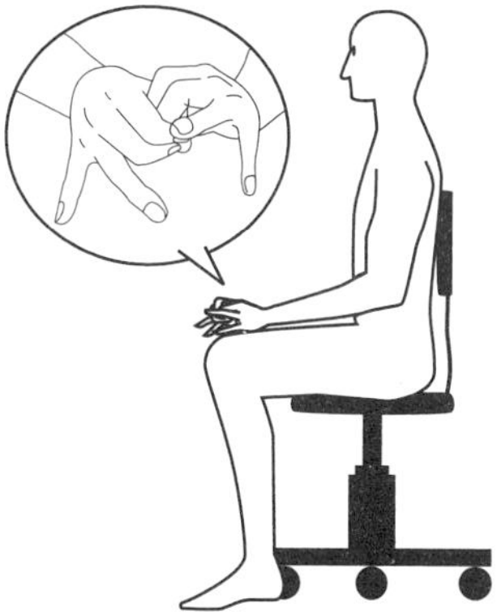

② 用鼻子吸氣，心中默數一到七。

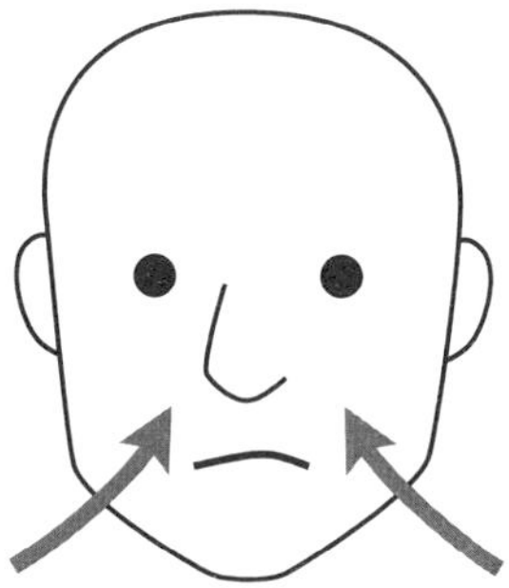

③ 停止呼吸，心中默數一到七。

④ 用鼻子吐氣，心中默數一到七，
然後停止呼吸，心中默數一到七。

※第①至④為一個回合，共反覆七次。

靜心

靜心的方法

①與靈感結合，傳達即將開始靜心。
②進行ＨＡ呼吸法。
③進入靜心。
④刪除浮現在腦子裡的資訊（過去的記憶）。

※注意：
1. 一天以三次為限。
2. 每次至少持續五到十五分鐘。
3. 靜心前的一小時內避免進食。
4. 勿與其他靜心法、背景音樂、祈禱併用。
5. 疲勞時避免靜心。
6. 靜心採坐姿，背骨與頭部直立。

7. 若想學習正式的靜心法，可以參加荷歐波諾波諾的課程。

刪除記號「X」的運用

這個作法與默念荷歐波諾波諾的四句話「對不起」「請原諒我」「謝謝你」「我愛你」，具有相同的效果。

發生某些問題時，對於自己潛意識中產生問題的資訊（過去的記憶），在心裡默念「我要打上X記號」，同時想像「X」的形狀。即使不知道是哪些資訊產生問題，也能刪除製造問題的資訊。

「X」可刪除與中毒、虐待、破壞有關的資訊，而且能使思考與經驗分別回到正確的時間、地點，幫助我們從內心沉重負擔的情感中解放出來。

「X」能安定心情，使清理更爲容易，而且能提高其他清除工具的機能。

有橡皮擦的鉛筆

任何附有橡皮擦的鉛筆都可以，但是鉛筆不要削，也就是保持不能寫字的狀態。

心裡默念「露珠」，讓鉛筆被活化成爲清理工具。

想像著用橡皮擦那一端消除問題，將自己潛意識中引起問題的資訊刪除。

例如文章完成後，用附有橡皮的鉛筆清理一次。這樣，下一次再寫文章時，就能從零獲得靈感。

獨特的清理工具

①銀杏葉

拿著黃色的銀杏葉，或只是想像銀杏葉，就能刪除與肝臟疾病相關的所有資訊，麻藥中毒、菸癮、酒精中毒的資訊也都能消除。

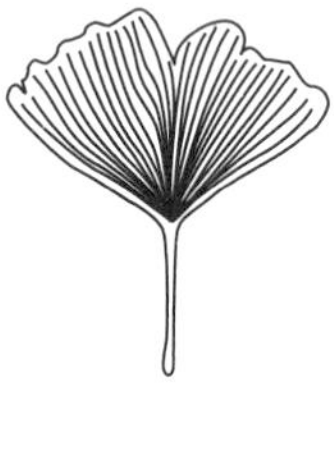

②柿葉

柿葉能刪除生殖系統疾病、婦女病等相關資訊。

③楓葉

綠色的楓葉能刪除呼吸系統疾病、心臟病等相關資訊。必須使用綠色的楓葉，而非變紅的楓葉。

內在小孩的照顧

荷歐波諾波諾所說的「內在小孩」，並非自己孩童時代的記憶，而是指地球誕生至今，擁有所有生命體所經驗之記憶的潛意識。

內在小孩就像天使，如果不好好照顧、保護，就可能使人際關係的苦惱、傷痕、打擊等負面記憶擴大。

因此，對於內在小孩應像疼愛自己的子女般，投注關懷與愛。

這樣的話，內在小孩在各個方面都能協助我們。例如教導內在小孩說「對不起」「請原諒我」「謝謝你」「我愛你」，它就能代替我們進行清理。與操作電腦時下載軟體或設定程式類似，我們可以讓內在小孩自動記住作法。例如爲了清理而說的「我愛你」「謝謝你」，若不斷重複，就能讓內在小孩記住，並自動進行清理。

不過，若是因爲某些麻煩而發怒，內在小孩就會忘記該如何處理資訊。用電腦作比喻，就像在麥金塔電腦中輸入微軟的視窗軟體，會造成混亂一樣。因此，決定清理之後，持續進行是非常重要的。這樣的話，內在小孩自然能跟著做。

照顧內在小孩的方法

①詢問內在小孩能不能觸摸他，並徵求同意。
②親切撫摸內在小孩的頭，隨時關心、疼愛。
③輕輕擁抱。如果抱得太用力，會讓他恐懼。
④輕輕握起他的手，溫和撫摸。
⑤抱住他的雙肩，注入感情，給予無盡的愛。

SITH

已故的夏威夷人間州寶莫兒娜・納拉瑪庫・西蒙那女士，爲了使夏威夷傳統的問題解決法「荷歐波諾波諾」能夠活用在現代社會，而新開發出來的形式。正式的名稱叫作「荷歐波諾波諾回歸自性法」（Self I-Dentity through Ho'oponopono）。

神性

又稱爲「神性智慧」、「神聖的知性」。是神，也是生命的泉源。刪除潛意識的記憶，可使靈感降臨。

潛意識

低位自我（內在小孩）。不單是自己本身的記憶，也是宇宙誕生至今所有生命體之記憶的集合體。每秒鐘的資訊量可達一千一百萬位元。

意識

中位自我（母親）。我們日常能夠感覺和注意到的意識，每秒鐘可處理十五到二十位元。

超意識

宇宙自我（父親）。與「神性」結爲一體來運作，並向「神性」傳達來自潛意識、有關刪除資訊和記憶的請求。

資訊

有全新的資訊與舊資訊兩種。全新的資訊是指來自「神性」的靈感，舊資訊則是潛意識中過去的記憶。資訊由情感、思考等階層組成。

清理

清潔、清理。清理的對象是所有資訊。

刪除

清除。刪除的對象是所有資訊。

零的狀態

空的、靈光顯現的狀態，指大霹靂之前的宇宙原始狀態。這是沒有任何物質的狀態，也是一切完美的狀態（也就是無限）。

靈感

在零的狀態下，來自「神性」的全新資訊。也稱爲智慧、靈力。

質變

顚覆一切的本質大轉變。荷歐波諾波諾能使靈性、精神、物質三方面同時轉變。

知識

由過去記憶重播而產生的資訊集合而成。是舊的資訊。

智慧

來自「神性」的新資訊。靈感，亦即來自零的資訊。

透明度

指清晰的狀態，亦即「零」的狀態。

體驗談⑧

內在小孩教我的事

Terrena株式會社社長　河合政實

我一直想與內在小孩連結，但都無法成功。我不知道為什麼，但最後幫助我解決這個問題的卻是疾病。

二〇〇八年十二月二十九日，是難忘的一天。

我覺得心臟劇烈疼痛，立即前往橫濱市內的心臟病專科醫院接受檢查，結果發現心臟血管有六條阻塞，診斷為急性心肌梗塞。由於第二天還有工作，我原本打算結束隔天的工作後再來，但醫生表示「無法保證生命安全」，因此我立即住院接受手術，並送入加護病房。

由於有六處阻塞，醫師團討論的結果，決定放棄擴張血管的支架手術，改採血管繞道手術。但年底以前心臟外科醫生無法到齊，手術時間於是排定在年假結束後的元月六日。手術前一星期，我持續對我的心臟說：「過去我一直強迫你工作，對不起。耽誤了這麼久，請原諒我。過去你努力為我效勞，謝謝你。今後我一定好好照顧你。」

元月六日那天，進行了長達八小時的心臟血管繞道手術，手術順利完成。但第二天晚上，我從麻醉中醒來——現在想起來，當天可能是最危險的情況——當時，我的心臟劇痛，陷入呼吸急促的險境。我的意識模糊，好像反覆作夢一般，就在這時，我第一次見到內在小孩。

內在小孩並不如我想像的，有一張可愛的臉孔。他確實是小孩，但全身由岩石構成，臉就像大魔神一般充滿怒意。不過另一方面，他的臉上也顯露出一絲悲哀和寂寞。

我向內在小孩說：「我還想活下去，想做的事情還很多。請你一定要幫助我。」內在小孩答道：「那麼我再給你一次機會。」

醒來之後，護士告訴我：「河合先生，請深呼吸，調整呼吸。」並帶著我練習深呼吸。之後我的身體逐漸復原，心臟不再疼痛，而且很快就能進食。手術過後三星期，我順利出院。

I'm sorry.

我的人生觀改變了，從今以後，我決定要做自己真正想做的事。

現在，我的內在小孩擁有與一般兒童同樣可愛的面孔，似乎也為我改變生活方式而喜悅。

自己的身體（心臟）、自己的心（內在小孩）、自己的家人都結合在一起，這次住院就是我過去忽略這些所帶來的結果。我的內在小孩教導了我在精神或肉體上疼愛自己的重要性。

而且不可思議的是，在我住院期間，我的公司業績大幅成長。

這就是我決心重視家人所帶來的結果。

〈結語〉

讓生命改觀的荷歐波諾波諾

河合政實

荷歐波諾波諾使我的生命完全改觀。

以前的我好像在人生中夢遊。父親去世後，我在二十四歲就繼承父業。經營公司時，滿腦子想的只有如何超越父親，使業績成長；也曾經因爲傲慢，而忘了爲公司效力的員工。

到了三十歲，公司的經營遭遇瓶頸，我才開始追求眞理，思考「什麼是幸福」。

二〇〇八年七月，我首次接觸荷歐波諾波諾，令我感到愕然。過去二十年，我所探求的到底是什麼？現在居然有這麼簡單的方法，對我眞是一大衝擊。

我這才發現，以前追尋的「幸福」，其實就在我自己之內。我過去一直在尋

I'm sorry.

找「幸福的青鳥」，但如同佛陀兩千五百年前在《般若心經》中所說的：「色即是空，空即是色。」幸福就在自己心中。

我被宇宙懲罰，罹患急性心肌梗塞而緊急住院，有生以來首次寫遺書。經過長達八小時的心臟繞道手術，總算保住性命。心肌梗塞讓我知道愛自己和家人的重要，現在，我決定只做自己想做的事。當別人問我：「人生成功的祕訣是什麼？」我一定會立刻回答：「愛自己。」

最後，要向以下各位表示由衷的謝意。

同意我編寫這本書的伊賀列阿卡拉・修・藍博士；荷歐波諾波諾的亞洲代表，同時也是我的多年好友平良・普亞・貝提；軟體銀行製作部門的編輯兼好友錦織新；舉辦宣傳講座的靈性治療師森惠；好像我的親弟弟，而且不斷支持我的三洋裝備常務董事菅生龍太郎；神奈川縣立呼吸循環疾病中心的優秀醫生和親切的護士們；住院時爲我記下口述內容的助手神山友紀；我最愛的妻子弘子和兩個小孩祐以子、智崇；重度殘障但一直守護著我們的哥哥茂巳。

由衷地希望這本書對大家有所幫助。

大我的平靜

Thank you.

國家圖書館出版品預行編目資料

零極限之富在工作 / 伊賀列阿卡拉・修・藍、河合政實著；劉滌昭 譯.
-- 初版. -- 臺北市：方智，2011.02
200面；14.8×20.8公分. --（新時代系列；144）
ISBN 978-986-175-183-2（平裝）
1.職場成功法 2.靈修

494.35 98024102

The Eurasian Publishing Group
圓神出版事業機構
用心與你對話・網野無限寬廣
方智出版社
Fine Press

http://www.booklife.com.tw reader@mail.eurasian.com.tw

新時代系列 144

零極限之富在工作

作　　者 / 伊賀列阿卡拉・修・藍博士、河合政實
譯　　者 / 劉滌昭
翻譯協力 / 李加晶
發 行 人 / 簡志忠
出 版 者 / 方智出版社股份有限公司
地　　址 / 台北市南京東路四段50號6樓之1
電　　話 /（02）2579-6600・2579-8800・2570-3939
傳　　真 /（02）2579-0338・2577-3220・2570-3636
郵撥帳號 / 13633081　方智出版社股份有限公司
總 編 輯 / 陳秋月
資深主編 / 賴良珠
責任編輯 / 黃淑雲
美術編輯 / 劉語彤
行銷企畫 / 吳幸芳・陳姵蒨
印務統籌 / 林永潔
監　　印 / 高榮祥
校　　對 / 張瑋珍
排　　版 / 陳采淇
經 銷 商 / 叩應股份有限公司
法律顧問 / 圓神出版事業機構法律顧問　蕭雄淋律師
印　　刷 / 祥峰印刷廠
2011年2月　初版
2024年1月　48刷

定價 260 元　ISBN 978-986-175-183-2　

　Printed in Taiwan